安全生产培训系列丛书

机械加工安全知识

中国航天科工防御技术研究院
中国航天科工集团有限公司安全生产培训中心 组织编写

应 急 管 理 出 版 社

· 北 京 ·

图书在版编目（CIP）数据

机械加工安全知识 / 中国航天科工防御技术研究院，
中国航天科工集团有限公司安全生产培训中心组织编写.
北京 ：应急管理出版社，2025． -- （安全生产培训系列
丛书）． -- ISBN 978-7-5237-0873-6

Ⅰ．TG506

中国国家版本馆 CIP 数据核字第 20246FP477 号

机械加工安全知识（安全生产培训系列丛书）

组织编写	中国航天科工防御技术研究院
	中国航天科工集团有限公司安全生产培训中心
责任编辑	肖　力
编　　辑	孟琪
责任校对	李新荣
封面设计	地大彩印

出版发行	应急管理出版社（北京市朝阳区芍药居 35 号　100029）
电　　话	010 - 84657898（总编室）　010 - 84657880（读者服务部）
网　　址	www.cciph.com.cn
印　　刷	天津嘉恒印务有限公司
经　　销	全国新华书店

开　　本	710mm×1000mm $^1/_{16}$　印张　$9^3/_4$　字数　175 千字
版　　次	2025 年 2 月第 1 版　2025 年 2 月第 1 次印刷
社内编号	20240594　　　　　　定价　40.00 元

本书编委会

主　　编　娄　军

副 主 编　刘东海　章玉婷　丛　山　孙琳琳

编写人员（以姓氏笔画为序）

丛　山　冯　杰　冯　震　匡　轮　刘东海

孙琳琳　李玉丹　李树杰　李　娜　李　萌

杨甲帅　张　涛　陈振宇　赵　威　赵　靓

俞　辉　娄　军　章玉婷　梁　茜　温昊峰

前　　言

在现代生产和生活中，机械设备是人类进行生产经营活动不可或缺的重要工具和手段，利用机械设备进行生产加工或服务活动时都伴随着安全风险。新技术、新材料、新工艺、新设备和新产品的采用，使复杂机械系统本身和机械使用过程中的危险因素表现形式复杂化，严重威胁从业人员的生命和财产安全。因此，掌握机械加工安全的基本知识和机械事故防范对策，显得尤为重要和紧迫。

基于上述原因，中国航天科工防御技术研究院（简称二院）和中国航天科工集团有限公司安全生产培训中心依据《生产过程危险和有害因素分类与代码》《机械安全 设计通则 风险评估与风险减小》和《安全标志及其使用导则》等标准，在《金属切削加工安全要求》《安全生产环境标识规范》《二院安全生产环境布置规范》等行业、中国航天科工集团有限公司、二院相关规范要求的基础上，从二院科研生产实际出发，组织相关专业技术人员编写了这本《机械加工安全知识》教材。本教材侧重机械加工安全管理知识，主要内容包括机械安全基础知识，金属切削加工安全技术，磨削机械加工安全技术，冲、剪、压机械加工安全技术，木工机械安全技术，其他机械加工安全技术等。本教材旨在培训二院职工掌握机械加工安全的基本理论，从而具备理论联系实际的能力，运用相关理论分析机械加工事故，查明事故原因，提出相应防护措施，培养分析问题和解决问题的能力。本教材是一本通俗易懂的机械加工安全培训教材，涵盖了二院机械加工从业人员所需安全知识，具有很强的专业针对性和范围适用性。

由于编者水平有限，本书难免有不妥之处，敬请斧正。

编　者
2024 年 10 月

目　　录

第一章　绪　　论

第一节　机械安全背景

机械作为人类生产和生活中不可或缺的助手，不仅提高了人类改造世界的能力，也促进了人类社会的飞速发展。20 世纪以来，科技的发展极大地促进了高新技术的进步，机械的现代化程度越来越高。现代机械的特点是科技含量高，机械成为集光、机、电、液于一体的智能化装备。机械的应用领域、适用范围不断扩大，从传统的生产运输到人们的住、行、娱乐、健身等各个领域，机械设备无处不在、无时不用，是进行生产经营活动不可或缺的重要工具。以机械制造为主的装备制造业是国家基础性、战略性的产业，体现了国家的综合实力、科技实力和国际竞争力。

一、机械安全及技术委员会

利用机械在进行生产或服务活动时都伴随着安全风险。新技术、新材料、新工艺、新设备和新产品的使用，使复杂机械系统本身和机械使用过程中的危险因素表现形式复杂化——能量积聚增加、作用范围扩大、伤害形式出现了新的特点等。机械在减轻劳动强度，给人们带来高效、方便的同时，也带来了不安全因素。为推进机械安全技术，欧共体理事会于1985 年与欧洲标准化委员会（CEN）达成协议，由 CEN 负责机械安全标准的制定工作，并成立了机械安全技术委员会。该委员会先后制定了 600 多项机械安全方面的标准。此外，欧共体理事会还专门制定了有关机械安全方面的法规，有力推动了机械安全技术的发展。鉴于欧洲各国就机械安全的立法与标准方面所做出的卓有成效的工作，国际标准化组织（ISO）与 CEN 进行了紧密合作，先后签订了技术信息交换协议（"里斯本协议"）和技术合作协议（"维也纳协议"），并于 1991 年成立了国际机械安全标准化技术委员会（ISO/TC 199）。ISO/TC 199 自成立以来，在机械安全标准的制定、工作协调方面做了大量的工作。

我国机械事故发生率高、涉及面广，特别是机电类特种设备事故多、后果严重、死伤比例大，不仅给受害人及其家庭带来巨大痛苦，使国家蒙受经济损失，破坏正常的生产、生活秩序，而且对国家的国际形象造成负面影响。我国的全国机械安全标准化技术委员会（SAC/TC 208）成立于1994年，是 ISO/TC 199 的正式成员，隶属于国家标准化管理委员会，挂靠在机械科学研究总院中机生产力促进中心。SAC/TC 208 的专业工作领域与 ISO/TC 199 相一致，主要职责是负责全国机械基础安全（A 类）标准和通用安全（B 类）标准的技术归口及 ISO/TC 199 的国内对口管理工作；负责机械安全的 A 类标准及 B 类标准的制定、修订工作；协调机械安全的 C 类（机械行业安全）标准和 A 类、B 类标准之间的关系及技术一致性问题。经过多年的发展，已经建立了我国较为完善的机械安全标准体系，如图 1－1 所示。

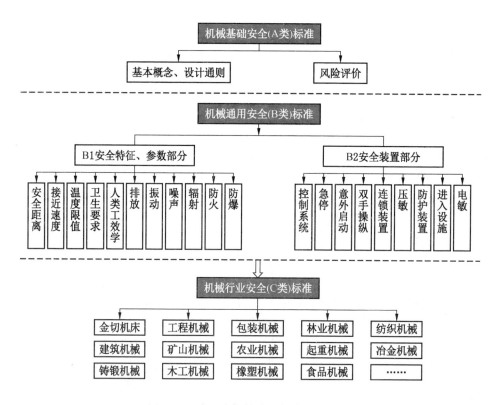

图1-1 我国的机械安全标准体系框图

二、提升机械设备的安全性

新时代背景下，人们对机械设备的安全期望值越来越高，安全性成为机械产品竞争力的重要表现，直接影响企业的生产经营，机械安全问题理所当然地越来越受到人们的重视。因此，全方位提高机械装备的科技创新和安全技术水平，加强检测方法、设备研发和监管工作的技术支持能力，完善机械安全标准体系，在安全风险评估、检验检测与预警等方面取得突破，对于从根本上提高抵御机械伤害的能力，具有重要意义。

第二节 机械安全的认识阶段

随着机械设备的发展和使用，机械伤害越来越多，人们对机械安全的认识也从最初的不受到伤害，发展为如何保障机械安全，进而保障人身安全。对安全的认识与社会经济发展的不同时代和劳动方式密切相关，经历了自发认识和自觉认识两个时代的四个认识阶段，即安全自发认识阶段、安全局部认识阶段、系统安全认识阶段、安全系统认识阶段。机械作为进行生产经营活动的主要工具，各阶段由于对机械安全有相应的认识而表现出不同的特点。

一、安全自发认识阶段

在自然经济（农业经济）时期，人类的生产活动方式是劳动者个体使用手用工具或简单机械进行家庭或小范围的生产劳动，绝大部分机械工具的原动力是劳动者自身，由手工生物能转化为机械能，人能够主动对工具的使用进行控制，但是，无论是石器、木器，还是金属工具的使用都存在一定的危险。在这个时期，人类不是有意识地专门研究机械和工具的安全，而是在使用中不自觉附带解决了安全问题（如刀具，刀刃和刀柄相分离）。这个阶段人们对机械安全的认识存在很大的盲目性，处于自发和凭经验的认识阶段。

二、安全局部认识阶段

第一次工业革命时代，蒸汽机技术直接使人类经济从农业经济进入工业经济，人类从家庭生产进入工厂化、跨家庭的生产方式。机器代替手用工具，原动力变为蒸汽机。人被动地适应机器的节拍进行操作，大量暴露的传动零件使劳动者在使用机器过程中受到危害的可能性大大增加。卓别林的著名电影《摩登时代》反映的劳动情节正是那个时期工业生产的真实写照。为了解决机械使用安全，针对某种机器设备的局部、针对安全的个别问题，采取专门技术方法去解决，如锅炉的安全阀、传动零件的防护罩等，从而形成机械安全的局部专门技术。

三、系统安全认识阶段

当工业生产从蒸汽机进入电气、电子时代，以制造业为主的工业出现标准化、社会化以及跨地区的生产特点，生产分工使专业化程度提高，形成了分属不同产业部门的相对稳定的生产结构系统。生产系统的高效率、高质量和低成本的目标，对机械生产设备的专用性和可靠性提出更高的要求，从而形成了从属于生产系统并为其服务的机械系统安全，如起重机械安全、化工机械安全、建筑机械安全等，其特点是，机械安全围绕防止和解决生产系统发生的安全事故问题，为企业的主要生产目标服务。

四、安全系统认识阶段

信息技术——数字化网络化的技术，把人类直接带进知识经济时代，反过来极大地改变了传统的工业和农业生产模式，解决安全问题的手段出现综合化的特点。机械安全问题突破了生产领域的界限，机械使用领域不断扩大，融入人们生产、生活的各个角落，机械设备的复杂程度增加，出现了光机电液一体化，这就要求解决机械安全问题需要在更大范围、更高层次上从"被动防御"转向"主动保障"，将安全工作前移。对机械全面进行安全系统的工程设计包括从设计源头按安全人机工程学要求对机械进行安全评价，围绕机械制造工艺过程进行安全、技术、经济性综合分析，识别机器使用过程中的固有危险和有害因素，针对涉及人员的特点，对其可预见的误用行为预测发生危险事件的可能性，对危险性大的机械进行从设计到使用全过程的安全监察等，即用安全系统的认识方法解决机械系统的安全问题。

第三节　安全系统理论

按照系统工程的理论，系统是指具有特定功能，由数个相互作用且依赖的要素组成的有机整体。系统的基本特征是集合性、相关性、目的性、环境适应性、动态特性、反馈特性和随机特性。机械系统是以机械为工具或手段，对作用对象实施加工或服务的系统，是由机械本身（包括量、夹、刃具）、被加工工件（或物料）、操作人员及加工工艺等多个基本要素组成的相互联系、相互制约、不可分割的有机整体。系统过程是生产资源输入和有形财富（产品或服务）不断输出的过程，时刻伴随着物料流、信息流、能量流的运动。系统目的是产品的优质、高产、低成本。在机械系统领域，存在需要解决的安全问题，实现机械系统安全是安全工作的目标。

根据安全系统理论，安全系统由人、物、关系三个要素组成。具体讲，在机械系统中，可归结为人的行为、物（机械、作用对象或物料和作业场所环境）的状态、安全管理水平三要素。人、物是安全系统过程中的直接要素；关系（以安全管理为外在表现形式）是安全的本质与核心，协调人与人、物与物、人与物之间的关系，是机械系统正常运转的必要条件，同时又是实现安全的手段。各要素在表现形式上有不同的特点，既有联系又互相制约，独立存在、互相不可取代、缺一不可，表现为动态过程的系统整体。系统的突变或某一要素的恶化往往会引起系统安全状态的劣化，进而可能导致机械伤害事故的发生。

机械系统安全是指从人的需要出发，在使用机械全过程的各种状态下，达到使人的身心免受外界因素危害的存在状态和保障条件。机械的安全性是指机器在预定使用条件下，执行其预定功能，以及在运输、安装、调整、维修、拆卸、报废处理时，不产生损伤或危害健康的能力。机械伤害事故泛指在生产经营活动中，由于技术失控或管理缺陷，机械系统能量逆流所导致的伤害事故。事故可能为人的不安全行为、机器的不安全状态、作业环境的不安全条件和安全管理缺陷综合作用失衡的结果。机械安全是由组成机械的各部分及整机的安全状态，使用机械的人的安全行为，机械和人的和谐关系来保证的。因此，必须采用安全系统的理论和方法，从人、物，以及人与物的关系三方面来解决机械系统的安全问题。

小结

本章主要介绍了机械安全对社会生产的重要意义，大型复杂机械系统所采用的新技术和新方法，人类研究机械安全所经历的几个主要阶段，从系统安全的角度研究机械安全的方法，并从人机系统"以人为本"角度对机械安全提出了要求。

思考与讨论

1. 人们对机械安全的认识包括几个阶段？
2. 根据安全系统理论，安全系统由哪些要素组成？
3. 如何理解机械系统安全？

第二章 机械安全基础

第一节 机械基础知识

一、机械的定义、功能与分类

（一）机械的定义

机械是指由若干个零部件组合而成的、能够完成特定功能的设备。一般机械由原动机、执行机构、传动机构、控制机构、支承机构以及附属装置组成。这种组合体为一定应用目的服务，如物料加工、搬运或包装以及质量检测等。

1. 机械的涵盖范围

机械包括单台机械、有联系的一组机械或大型成套设备及其可更换设备。

（1）单台机械，指目的唯一的机械设备，如金属切削机床、木材加工机械等。

（2）实现完整功能的机组或大型成套设备，指为同一目的由若干台机械组合成综合整体，如自动化生产线、组合机床等。

（3）可更换设备，指可以改变机械功能的、可拆卸更换的非备件或工具设备，这些设备可自备动力或不具备动力，如装在机床上的车端面装置。

2. 机械、机器与机构的关系

机械、机器和机构在使用上既有联系又有区别。

（1）机构。机构一般指机器的某组成部分，可传递、转换运动或实现某种特定运动，如四连杆机构、传动机构等。

（2）机器。机器常指具有某一功能、某种具体的机械产品，如数控机床。

（3）机械。机械是机器、机构等的泛称，往往指一类机器，如加工机械、工程机械、化工机械等。此外，一些具有安全防护功能的零部件组成的装置（当该装置发生故障时，将危及暴露于危险中人员的安全或健康）也属于广义的机械，如确保双手控制安全的逻辑组件、过载保护装置等。

一切机器都可以看作是机构或复合机构。从安全角度，我们对机械、机器和机构三者可以不进行严格区分。生产设备是更广义的概念，指生产过程中为生产、加工、制造、检验、运输、安装、储存、维修产品而使用的各种机器、设施、工机具、仪器仪表、装置和器具的总称。

（二）机械的功能

机械的功能主要指机械的使用功能，可以概括为制造和服务两个功能。

1. 机械的制造功能

机械的制造功能是指利用机械通过加工和装配手段，改变物料的尺寸、形态、性质或相互配合位置，如制造汽车、修铁路等。用来制造其他机器的机械常称为工作母机或工具机，如各种金属切削机床等。

2. 机械的服务功能

机械的服务功能是指机械也可以完成某种非制造作业，虽然没有改变作用对象的性质，但提供了某种服务，如运输、包装、信息传输、检测等。

一切机械在规定的使用条件下和寿命期间内，应该满足可靠性要求；在按使用说明书规定的方法进行操作，执行其预定使用功能和进行运输、安装、调整、维修、拆卸及处理时，不应该使人员受到损伤或危害人员健康。有些机械或装置本身是专门为保障人的身心安全健康发挥作用的，它们的使用功能同时也就是它们的安全功能，如安全防护装置、检测检验设备等。

（三）机械的分类

从不同的角度，机械设备可有多种分类方法。

1. 按机械设备的使用功能分类

机械设备按使用功能分为十大类。

（1）动力机械。如汽轮机、内燃机、电动机等。

（2）金属切削机床。如车床、铣床、磨床、刨床、齿轮加工机床等。

（3）金属成型机械。如锻压机械（包括各类压力机）、铸造机械、辊轧机械等。

（4）起重运输机械。如运输机、卷扬机、起重机等。

（5）交通运输机械。如汽车、机车、船舶、飞机等。

（6）工程机械。如挖掘机、破碎机等。

（7）农业机械。用于农、林、牧、副、渔业各种生产中的机械。如木材加工机械等。

（8）通用机械。广泛用于生产各个部门甚至生活设施中的机械。如泵、阀、风机、空压机、制冷设备等。

（9）轻工机械。如纺织机械、食品加工机械等。

（10）专用设备。各行业生产中专用的机械设备。例如，冶金设备、建筑材料和耐火材料设备、地质勘探设备等。

2. 按能量转换方式不同分类

（1）产生机械能的机械。如热机、内热机、电动机等。

（2）转换机械能为其他能量的机械。如发电机、泵、风机、空压机等。

（3）使用机械能的机械。这是应用数量最大的一类机械。如起重机等。

3. 按机械设备规模和尺寸大小分类

机械设备按规模和尺寸大小可分为中小型、大型、特重型三类机械设备。

4. 从安全卫生的角度分类

根据我国对机械设备安全管理的规定，从机械使用安全卫生的角度，可以将机械设备分为三类。

（1）一般机械。事故发生概率很小，危险性不大的机械设备。如数控机床加工中心等。

（2）危险机械。危险性较大的、人工上下料的机械设备。如木工机械、冲压剪切机械、塑料（橡胶）射出或压缩成型机械等。

（3）特种设备。涉及生命安全、危险性较大的设备设施，包括承压类设备（锅炉、压力容器、压力管道）、机电类设备（电梯、起重机械）和厂内运输车辆。特种设备不纳入本教材的介绍范围。

二、机械的组成结构和工作原理

了解机械的组成结构和实现使用功能的工作原理，是搜集机械基础信息程序的要求。这些信息对于确定机械作业危险区，分析工艺过程中人员暴露于危险作业区的时间和频次，以及作业人员介入的操作方式和性质，从而进行危险识别、安全风险评价，以及采取针对性安全管理措施和提出技术整改建议都是极为重要的，这也是安全工作者的专业技能基本功之一。

（一）机械的组成结构

由于应用目的不同，不同功能的机械形成千差万别的种类系列，它们的组成结构差别很大，必须从机械的最基本的特征入手，把握机械组成的基本结构。机械的组成结构如图 2-1 所示。

（二）机械的一般工作原理

机械的原动机将各种能量形式的动力源转变为机械能输入，经过传动机构转换为适宜的力、速度和运动形式，再传递给执行机构，通过执行机构与物料或作业对象的直接作用，完成制造或服务任务。控制系统对整个机械的工作状态进行控制调整，组成机械的各部分借助支撑装置连接成一个有机的整体。机械各组成部分的功能如下。

（1）原动机。原动机提供机械工作运动的动力源。常用的原动机有电动机、

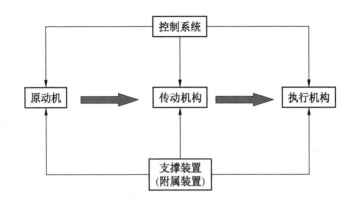

图 2-1 机械的组成结构图

内燃机、人力或畜力（常用于轻小型设备或工具，作为特殊场合的辅助动力）和其他形式等。

（2）执行机构。执行机构也称为工作机构，是实现机械应用功能的主要机构。通过刀具或其他器具与物料的相对运动或直接作用，改变物料的形状、尺寸、状态或位置。执行机构是区别不同功能机械的最有特性的部分，它们之间的结构组成和工作原理往往有很大差别。执行机构及其周围区域是操作者进行作业的主要区域，称为操作区。

（3）传动机构。传动机构用来将原动机与执行机构联系起来，传递运动和力（力矩），或改变运动形式。对于大多数机械，传动机构将原动机的高转速低转矩，转换成执行机构需要的较低速度和较大的力（力矩）。常见的传动机构有齿轮传动、带传动、链传动、曲柄连杆机构等。传动机构包括除执行机构之外的绝大部分可运动零部件。不同功能机械的传动机构可以相同或类似，传动机构是机械具有共性的部分。

（4）控制系统。控制系统是人机接口部位，可操纵机械的启动、制动、换向、调速等运动，或控制机械的压力、温度或其他工作状态，包括各种操纵器和显示器。显示器可以把机械的运行情况适时反馈给操作者，以便操作者通过操纵器及时、准确地控制、调整机械的状态，保证作业任务的顺利进行，防止发生事故。

（5）支撑装置。用来连接、支撑机械的各个组成部分，承受工作外载荷和整个机械的质量，是机械的基础部分，有固定式和移动式两类。固定式支撑装置与地基相连（如机床的基座、床身、导轨、立柱等），移动式支撑装置可带动整个机械运动（如可移动机械的金属结构、机架等）。支撑装置的变形、振动和稳定性不仅影响加工质量，还直接关系到作业的安全。

附属装置包括安全防护装置、润滑装置、冷却装置、专用的工具装备等，它们对保护人员安全、维持机械的稳定正常运行和进行机械维护保养起着重要的作用。

三、机械使用环节、状态与机械安全

在机械使用的各个环节和不同状态下，都存在不同的危险和有害因素，既可能在机械实现预定功能运行期间存在（危险运动件的运动、焊接时的电弧等），也可能意外地出现，使操作者不得不面临这样或那样的损伤或危害健康的风险，这种风险在机械使用的任何阶段和各种状态下都有可能发生。

（一）机械的使用环节

机械的全寿命周期可以分为机械产品形成和使用两个阶段。机械安全也体现在两个方面，一是产品安全，二是使用安全。

机械产品形成阶段，包括概念设计、产品设计、制造工艺设计、零件加工和装配总成。机械的使用环节不仅指执行预定使用功能的运转，广义的使用还包括编程和技术参数设定、示数、过程转换调整，清理、保养、查找故障和维修，由于转移作业场地而进行的拆卸、运输、安装，以及停止使用或报废处理等。机械安全的源头在设计，质量保证在制造。机械的安全性集中体现在使用阶段的诸环节的各种状态。

（二）机械的状态

1. 正常工作状态

人们往往存在认识的误区，认为在机械的正常工作状态下不应该有危险，其实不然。在机械完成预定功能的正常运转过程中，具备运动要素并产生直接后果，运转期间仍然存在着各种不可避免的危险，如零部件的相互配合运动、刀具锋刃的切割、重物在空中起吊、机械运转噪声和振动等，分别存在着绞碾夹挤、切割、重物坠落、环境恶化等危险和有害因素。

2. 非正常工作状态

非正常工作状态是指在机械作业运转过程中，由于各种原因引起的意外状态。原因可能是动力突然丧失（失电），也可能是来自外界的干扰等，如意外启动或速度变化失控，外界磁场干扰使信号失灵，瞬时大风造成起重机倾覆等。机械的非正常工作状态往往没有先兆，可直接导致或轻或重的事故危害。

3. 故障状态

故障状态是指机械设备（系统）或零部件丧失了规定功能的状态。设备的故障，会造成整个机械设备的正常运行停止，有时关键机械的局部故障会影响整个流水线运转，甚至使整个车间停产，给企业带来经济损失。

从人员的安全角度看，故障状态可能会导致两种结果：有些故障的出现，对所涉及机械的安全功能影响很小，不会出现什么大的危险，例如，当机械的动力源或某零部件发生故障时，使机械停止运转，机械处于故障保护状态，一切由于运动所导致的危险都不存在了；而有些故障的出现，会导致某种危险状态，例如，由于电气开关故障，会产生不能停机的危险；砂轮轴的断裂，导致砂轮飞甩的危险；速度或压力控制系统出现故障，会导致速度或压力失控的危险等。

4. 非工作状态

非工作状态是指机器停止运转，处于静止状态。在大多数情况下，机械基本是安全的，但不排除由于环境照度不够，导致人员与机械悬凸结构的碰撞、跌入机坑的危险；结构坍塌，室外机械在风力作用下的滑移或倾覆。

5. 检修保养状态

检修保养是指维护和修理所进行的作业活动，包括保养、修理、改装、翻建、检查、状态监控和防腐润滑等。尽管检修保养一般在停机状态下进行，但其作业的特殊性往往迫使检修人员采用一些超常规的操作行为，例如，攀高、钻坑、解除安全装置，或进入正常操作不允许进入的危险区等，使维护或修理很容易出现一些在正常操作时不会出现的危险。

（三）机械的危险区

危险区是指使人员面临损伤或危害健康风险的机械内部或周围的某一区域，就大多数机械而言，机械的危险区主要在传动机构、执行机构及其周围区域。

传动机构和执行机构集中了机械上几乎所有的运动零部件。它们种类繁多，运动方式各异，结构形状复杂，尺寸大小不一，即使在机械正常状态下进行操作时，在传动机构、执行机构及其周围区域也有可能由于机械能逸散或非正常传递而形成危险区。

由于传动机构在工作中不需要与物料直接作用。在作业前调整好后，作业过程中基本不需要操作者频繁接触，所以常用各种防护装置隔离或封装起来，只要保证防护装置的完好状态，就可以比较好地解决防止接触性伤害的安全问题。而执行机构及其周围的操作区情况较为复杂，由于在作业过程中，需要操作者根据观察机器的运行状况不断地调整机械状态，人体的某些部位不得不经常进入或始终处于操作区，使操作区成为机械伤害的高发主要危险区，因此成为安全防护的重点；又由于不同种类机械的工作原理区别很大，表现出来的危险有较大差异，因此又成为防护的难点。

另外，采用移动式支撑装置机械的安全防护，较固定式支撑装置的机械更应引起重视。

四、机电一体化技术

机电一体化技术是将机械技术、电力电子技术、微电子技术、信息技术、传感测试技术、接口技术等有机地结合并综合应用的技术。

（一）机电一体化技术的理论基础

系统论、信息论、控制论是机电一体化技术的理论基础，开展机电一体化技术研究时，无论在工程的构思、规划、设计方面，还是在它的实施或实现方面，都需要用系统的观点，合理解决信息流与控制机制问题，形成所需要的系统或产品。

机电一体化系统目的与规格确定后，人员利用机电一体化技术进行设计、制造的整个过程称为机电一体化工程。实施机电一体化工程的结果，是新型的机电一体化产品。图2-2给出了机电一体化工程的构成因素。

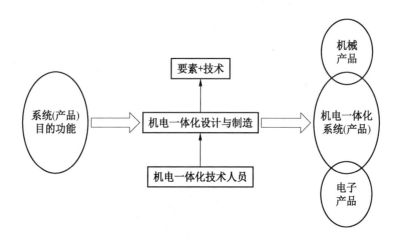

图2-2　机电一体化工程的构成因素

机电一体化技术是系统工程科学在机械电子工程中的具体应用，即以机械电子系统或产品为对象，以数学方法和计算机等为工具，对系统的构成要素、组织结构、信息交换和反馈控制等功能进行分析、设计、制造和服务，从而达到最优设计、最优控制和最优管理的目标，以便充分发挥人力、物力和财力，通过各种组织管理技术，使局部与整体之间协调配合，实现系统的综合最优化。

机电一体化系统是一个包括物质流、能量流和信息流的系统，而有效地利用各种信号所携带的丰富信息资源，则有赖于信号处理和信号识别技术。考察所有机电一体化产品，就会看到准确的信息获取、处理、利用在系统中所起的实质性作用。

将工程控制论应用于机械工程技术而派生的机械控制工程，为机械技术引入了崭新的理论、思想和语言，把机械设计技术由原来静态的、孤立的传统设计思想引向动态的、系统的设计环境，使科学的辩证法在机械技术中得以体现，为机械设计技术提供了丰富的现代设计方法。

（二）机电一体化技术的分类

随着科学技术的发展，机电一体化产品的概念不再局限在某一具体产品的范围，已扩大到控制系统和被控制系统相结合的产品制造和过程控制的大系统。目前，世界上普遍认为机电一体化有两大分支：生产过程的机电一体化和机电产品的机电一体化。

生产过程的机电一体化根据生产过程的特点（如生产设备和生产工艺是否连续）可划分为离散制造过程的机电一体化和连续生产过程的机电一体化。前者以机械制造业为代表，后者以化工生产流程为代表。生产过程的机电一体化包含产品设计、加工、装配、检验的自动化，生产过程自动化经营管理自动化等，其中包含多个自动化生产线。

机电产品的核心是机电一体化，是生产过程机电一体化的物质基础。典型的机电一体化产品体现了机电的深度有机结合。近年来新开发的机电一体化产品大多都采用了全新的工作原理，集中了各种高新技术，并把多种功能集成在一起，在市场上具有极强的竞争能力。由于在机电一体化产品中往往要引入仪器仪表技术，所以也有人称为机、电、仪一体化产品；由于液压传动具有功率大、结构紧凑、能大范围无级调速、快速性好、便于自动控制等优点，且获得了广泛的应用，因此又有机、电、液一体化产品之说；由于用光传递信息无污染，抗干扰能力强，在很多新型机电产品中特别是仪器仪表中的应用越来越广泛，这类产品又称为机、电、光一体化产品。

（三）机电一体化的发展和关键技术

1. 机电一体化技术的发展阶段

机电一体化技术的发展大体上可分为 3 个阶段。20 世纪 60 年代以前为第一阶段，这一阶段称为初期阶段。特别是在二次世界大战期间，战争刺激了机械产品与电子技术的结合，这些机电结合的军用技术，战后转为民用，对战后经济的恢复起到了积极的作用。20 世纪 70—80 年代为第二阶段,可称为蓬勃发展阶段。这一时期,计算机技术、控制技术、通信技术的发展为机电一体化技术的发展奠定了技术基础。20 世纪 90 年代后期,开始了机电一体化技术向智能化方向迈进的第三阶段。由于人工智能技术、神经网络技术及光纤通信技术等领域取得的巨大进步,为机电一体化技术开辟了发展的广阔天地。机电一体化是集机械、电子、光学、控制、计算机、信息等多学科的交叉融合,它的发展和进步有赖于相关技术的发展和进步,其主要发展方向有数字化、智能化、模块化、网络化、微型化、集成化、人格化和绿色化。

2. 机电一体化发展的关键技术

发展机电一体化技术所面临的共性关键技术包括机械技术、传感与检测技术、伺服驱动技术、计算机与信息处理技术、自动控制技术、接口技术和系统总体技术等。现代的机电一体化产品还包含了光学、声学、化学、生物等技术的应用。

1)机械技术

机械技术是机电一体化的基础。在机电一体化产品中,机械技术不再是单一地完成系统间的连接,而是要优化设计系统结构、质量、体积、刚性和寿命等参数对机电一体化系统的综合影响。机械技术的着眼点在于如何与机电一体化的技术相适应,利用其他高、新技术来更新概念,实现结构上、材料上、性能上以及功能上的变更,满足减少质量、缩小体积、提高精度、提高刚度、改善性能和增加功能的要求。尤其关键零部件,如导轨、滚珠丝杠、轴承、传动部件等的材料、精度对机电一体化产品的性能、控制精度影响很大。

2)传感与检测技术

传感与检测装置是系统的感受器官,它与信息系统的输入端相连并将检测到的信息输送到信息处理部分。传感与检测是实现自动控制、自动调节的关键环节,它的功能越强,系统的自动化程度就越高。传感与检测的关键元件是传感器。

机电一体化系统或产品的柔性化、功能化和智能化都与传感器的品种多少、性能好坏密切相关。传感器的发展正进入集成化、智能化阶段。传感器技术本身是一门多学科、知识密集的应用技术。传感原理、传感材料及加工制造装配技术是传感器开发的 3 个重要方面。与计算机技术相比,传感器的发展显得缓慢,难以满足技术发展的要求。不少机电一体化装置不能达到满意的效果或无法实现设计的关键原因在于没有合适的传感器。因此大力开展传感器的研究,对于机电一体化技术的发展具有十分重要的意义。

3）伺服驱动技术

伺服驱动系统是实现电信号到机械动作的转换装置或部件，对系统的动态性能、控制质量和功能具有决定性的影响。伺服驱动技术主要是指机电一体化产品中的执行元件和驱动装置设计中的技术问题，它涉及设备执行操作的技术，对所加工产品的质量具有直接的影响。常见的伺服驱动有电液马达、脉冲油缸、步进电机、直流伺服电机和交流伺服电机等。由于变频技术的发展，交流伺服驱动技术取得突破性进展，为机电一体化系统提供了高质量的伺服驱动单元，极大地促进了机电一体化技术的发展。

4）信息处理技术

信息处理技术包括信息的交换、存取、运算、判断和决策，实现信息处理的工具大都采用计算机，因此计算机技术与信息处理技术密切相关。计算机技术包括计算机的软件技术和硬件技术、网络与通信技术、数据技术等。机电一体化系统中主要采用工业控制计算机（包括单片机、可编程序控制器等）进行信息处理。人工智能技术、专家系统技术、神经网络技术等都属于计算机信息处理技术。

在机电一体化系统中，计算机信息处理部分指挥整个系统的运行。信息处理是否正确、及时，直接影响到系统工作的质量和效率。因此，计算机应用及信息处理技术已成为促进机电一体化技术发展和变革的最活跃的因素。

5）自动控制技术

自动控制技术范围很广，机电一体化的系统设计是在基本控制理论指导下，对具体控制装置或控制系统进行设计；对设计后的系统进行仿真，现场调试；最后使研制的系统可靠地投入运行。由于控制对象种类繁多，所以控制技术的内容极其丰富，如高精度定位控制、速度控制、自适应控制、自诊断、校正、补偿、再现、检索等。随着微型机的广泛应用，自动控制技术越来越多地与计算机控制技术联系在一起，成为机电一体化中十分重要的关键技术。

6）接口技术

机电一体化系统是机械、电子、信息等性能各异的技术融为一体的综合系统，其构成要素和子系统之间的接口极其重要，主要有电气接口、机械接口、人机接口等。电气接口实现系统间信号联系；机械接口则完成机械与机械部件、机械与电气装置的连接；人机接口提供人与系统间的交互界面。接口技术是机电一体化系统设计的关键环节。

7）系统总体技术

系统总体技术是一种从整体目标出发，用系统的观点和全局角度，将总体分解成相互有机联系的若干单元，找出能完成各个功能的技术方案，再把功能和技术方案组成方案组进行分析、评价和优选的综合应用技术。系统总体技术解决的是系统的性能优化问题和组成要素之间的有机联系问题，即使各个组成要素的性能和可靠性很好，如果整个系统不能很好协调，系统也很难保证正常运行。

为了开发出具有较强竞争力的机电一体化产品，系统总体设计除考虑优化设计外，还包括可靠性设计、标准化设计、系列化设计以及造型设计等。

（四）机电一体化技术的主要特征

机电一体化技术主要具有整体结构最优化、系统控制智能化、操作性能柔性化等特征。

1. 整体结构最优化

在传统的机械产品中，为了增加一种功能或实现某一种控制规律，往往用增加机械机构的办法来实现。例如，为控制机床的走刀轨迹，出现了各种形状的靠模等。随着电子技术的发展，人们逐渐发现，过去笨重的齿轮变速箱可以用轻便的变频调速电子装置来代替；准确的运动规律可以通过计算机的软件来调节。由此看来，可以从机械、电子、硬件、软件4个方面来实现同一种功能。

这里所指的"最优"不一定是尖端技术，而是指满足用户的要求。它可以是以高效、节能、节材、安全、可靠、精确、灵活、价廉等许多指标中用户最关心的一个或几个指标为主进行衡量的结果。机电一体化技术的实质是从系统的观点出发，应用机械技术和电子技术进行有机的组合、渗透和综合，以实现系统的最优化。

2. 系统控制智能化

系统控制智能化是机电一体化技术与传统的工业自动化最主要的区别之一。电子技术的引入显著地改变了传统机械那种单纯靠操作人员按照规定的工艺顺序或节拍、频繁、紧张、单调、重复的工作状况，可以靠电子控制系统，按照预定的程序一步一步地协调各相关机构的动作及功能关系。目前大多数机电一体化系统都具有自动控制、自动检测、自动信息处理、自动修正、自动诊断、自动记录、自动显示等功能。在正常情况下，整个系统按照人的意图（通过给定指令）进行自动控制，一旦出现故障，就自动采取应急措施，实现自动保护。在某些情况下，单靠人的操纵是难以应付的，特别是在危险、有害、高速、精确的使用条件下，应用机电一体化技术不但是有利的，而且是必要的。

3. 操作性能柔性化

计算机软件技术的引入，能使机电一体化系统的各个传动机构的动作通过预先给定的程序，一步一步地由电子系统来协调。在生产对象变更需要改变传动机构的动作规律时，无须改变其硬件机构，只要调整由一系列指令组成的软件，就可以达到预期的目的。这种软件可以由软件工程人员根据控制要求事先编好，使用磁盘或数据通信方式，装入机电一体化系统的存储器中，进而对系统机构动作实施控制和协调。

第二节　危险和有害因素识别与事故危险分析

一、危险和有害因素的定义

（一）危险的定义

危险是指客观存在、可能损伤或危害健康的起源。

由于危险是引起伤害的外界客观因素，所以人们常称之为危险因素。客观危险因素对人身心的不利作用和影响的后果由其种类、性质状态、量值大小、作用强度、作用时间与方式等因素决定。

（二）危险和有害因素

根据《生产过程危险和有害因素分类与代码》（GB/T 13861—2022），危险和有害因素（hazardous and harmful factors）定义为可对人造成伤亡、影响人的身体健康甚至导致疾病的因素。

根据外界因素对人的作用机理、作用时间和作用效果，在狭义概念上通常分为危险因素和有害因素。

（1）危险因素是指直接作用于人的身体，可能导致人员伤亡后果的外界因素，强调危险事件的突发性和瞬间作用，如物体打击、刀具切割、电击等。直接危害即狭义安全问题。

（2）有害因素是指通过人的生理或心理对人体健康间接产生的危害，可能导致人员患病的外界因素，强调在一定时间范围的累积作用效果，如粉尘、噪声、振动、辐射危害等。间接危害即狭义卫生问题。

机械设备及其生产过程中存在的危险因素和有害因素，在很多情况下是来自同一源头的同一因素，由于转变条件和存在状态不同、量值和浓度不同、作用的时间和空间不同等原因，其后果有很大差别。有时表现为人身伤害，这时常被视为危险因素；有时由于影响健康引发职业病，又被视为有害因素；有时两者兼而有之，是危险因素还是有害因素，容易造成认识混乱，反而不利于危险因素的识别和安全风险分析评价。为便于管理，现在对此分类的趋势是，对危险因素和有害因素不加更细区分，统称为危险和有害因素，或将二者并为一体，统称危险因素。

（三）危险和有害因素产生的原因

危险和有害因素造成事故或灾难后果，本质上是由于存在着能量和有害物质，且能量或有害物质失去控制（泄漏、散发、释放等）。因此，能量和有害物质存在并失控是危险和有害因素产生的根源。

二、危险和有害因素的分类

"危险"一词常常与其他词汇联合使用，来限定其起源或预料其具体的损伤及危害健康的性质。但是，对危险因素表述的随意性，往往会给机械危险因素识别工作造成混乱，应该按标准进行规范的分类。我国现行有效的相关安全标准有《企业职工伤亡事故分类》（GB 6441—1986）、《生产过程危险和有害因素分类与代码》（GB/T 13861—2022）和《机械安全　设计通则　风险评估与风险减小》（GB/T 15706—2012）等。

（一）按事故类别分类

《企业职工伤亡事故分类》（GB 6441—1986）综合起因物、诱导性原因、致害物、伤害方式，从物的不安全状态导致的直接伤害后果，将危险因素分为物体打击、车辆伤害、机械伤害、起重伤害、触电、淹溺、灼烫、火灾、高处坠落、坍塌、冒顶片帮、透水、放炮、火药爆炸、瓦斯爆炸、锅炉爆炸、压力容器爆炸、其他爆炸、化学爆炸、物理爆炸、中毒和窒息、其他伤害等20类。其中，与机械（不含特种设备）相关度比较高的危险有以下几种。

（1）物体打击。物体在重力或其他外力的作用下产生运动，引发打击伤亡事故。但不包括由机械设备、车辆、起重机械、坍塌引发的打击。

（2）机械伤害。指机械设备与工具引起的绞、辗、碰、割戳、切等伤害。例如：工件或刀具飞出伤人，切屑伤人，手或身体被卷入，手或其他部位被刀具碰伤，被转动的机构缠压住等；机械零部件、工具、加工件造成的夹击、碰撞、剪切、卷入、绞、碾、割、刺等伤害。不包括车辆、起重机械引起的机械伤害。

（3）触电。电流流经人体，造成生理伤害的事故。适用于触电、雷击伤害。如人体接触带电的设备金属外壳或裸露的临时线，漏电的手持电动，手工工具，雷击伤害，触电坠落等事故。

（4）灼烫。指强酸、强碱溅到身体引起的灼伤，或因火焰引起的烧伤，高温物体引起的烫伤，放射线引起的皮肤损伤等事故。适用于烧伤、烫伤、化学灼伤、放射性皮肤损伤等伤害。不包括电烧伤以及火灾事故引起的烧伤。

（5）火灾。指造成人身伤亡的企业火灾事故。但不适用于非企业原因造成的火灾，如居民火灾蔓延到企业。此类事故属于消防部门统计的事故。

（6）高处坠落。指出于危险重力势能差引起的伤害事故。适用于脚手架、平台、陡壁施工等高于地面的坠落，也适用于山地面踏空失足坠入洞、坑、沟、升降口、漏斗等情况。但排除以其他类别为诱发条件的坠落，如高处作业时，因触电失足坠落应定为触电事故，不能按高处坠落划分。

（7）坍塌。物体在外力或重力作用下，超过自身强度极限或因结构稳定性破坏造成的事故，如土石塌方、脚手架坍塌、堆置物倒塌等，不包括车辆、起重机械、爆破引起的事故。

（8）中毒和窒息。指人接触有毒物质，如误吃有毒食物或呼吸有毒气体引起的人体急性中毒事故，或在废弃的坑道、暗井、涵洞、地下管道等不通风的地方工作，因为氧气缺乏，有时会发生突然晕倒，甚至死亡的事故称为窒息。两种现象合为一体称为中毒和窒息事故。但不适用于病理变化导致的中毒和窒息的事故，也不适用于慢性中毒的职业病导致的死亡。

（9）淹溺。包括高处坠落淹溺，不包括井下透水淹溺。

（10）其他伤害。凡不属于上述伤害的事故均称为其他伤害，如扭伤、跌伤、冻伤、钉子扎伤等。

（二）按可能导致生产过程危险和有害因素的性质分类

《生产过程危险和有害因素分类与代码》（GB/T 13861—2022）将生产过程的危险和有害因素共分为四大类，分别是"人的因素""物的因素""环境因素""管理因素"。

（1）人的因素（personal factors）是指在生产活动中，来自人员自身或人为性质的危险和有害因素。包括心理、生理性危险和有害因素、行为性危险和有害因素共两类，每一类又包括了小类或细类，详细分类见附录一。

（2）物的因素（material factors）是指机械、设备、设施、材料等方面存在的危险和有害因素。包括物理性危险和有害因素、化学性危险和有害因素、生物性危险和有害因素共三类，每一类又包括了小类或细类，详细分类见附录一。

（3）环境因素（environment factors）是指生产作业环境中的危险和有害因素。包括室内作业场所环境不良、室外作业场地环境不良、地下（含水下）作业环境不良、其他作业环境不良共四类，每一类又包括了小类或细类，详细分类见附录一。

（4）管理因素（management factors）是指管理和管理责任缺失所导致的危险和有害因素。包括职业安全卫生管理机构设置和人员配备不健全、职业安全卫生责任制不健全或未落实、职业安全卫生管理制度不完善或未落实、职业安全卫生投入不足、应急管理缺陷、其他管理因素缺陷共六类，每一类又包括了小类或细类，详细分类见附录一生产过程危险和有害因素分类与代码表。

（三）按机械设备自身的特点分类

《机械安全 设计通则 风险评估与风险减小》(GB/T 15706—2012）根据 ISO 国际标准，参考工业发达国家的普遍做法，按机械设备自身的特点、能量形式及作用方式，将机械加工设备及其生产过程中的不利因素，分为机械的危险和有害因素和非机械的危险和有害因素两大类。

（1）机械的危险和有害因素。指机械设备及其零部件（静止的或运动的）直接造成人身伤亡事故的灾害性因素。如由钝器造成的挫裂伤、锐器导致的割伤、高处坠落引发的跌伤等机械性损伤。

（2）非机械的危险和有害因素。指机械运行生产过程及作业环境中可导致非机械性损伤事故或职业病的因素。例如，电气危险、热危险、噪声和振动危险、辐射危险，由机械加工、使用或排出的材料和物质产生的危险，在设计时由于忽略人类工效学产生的危险等。

三、由机械产生的危险

由机械产生的危险，是指机械本身和在机械使用过程中产生的危险，可能来自机械自身、燃料原材料、新的工艺方法和手段、人对机器的操作过程，以及机械所在的场所和环境条件等多方面。根据《机械安全 设计通则 风险评估与风险减小》(GB/T 15706—2012），由机械产生的机械危险和非机械危险主要有以下方面。

（一）机械危险

由于机械设备及其附属设施的构件、零件、工具、工件或飞溅的固体、流体物质等的机械能（动能和势能）作用，可能产生伤害的各种物理因素，以及与机械设备有关的滑绊、倾倒和跌落危险。

（二）电气危险

电气危险的主要形式是电击、燃烧和爆炸。电气危险产生的条件有人体与带电体的直接接触或接近高压带电体，静电现象，带电体绝缘不充分而产生漏电，线路短路或过载引起的熔化粒子喷射、热辐射和化学效应，由于电击所导致的惊恐使人跌倒、摔伤等。

（三）热危险

人体与超高温物体、材料、火焰或爆炸物接触，以及热源辐射所产生的烧伤或烫伤，高温生理反应，低温冻伤和低温生理反应，高温引起的燃烧或爆炸等。

产生热危险的条件有环境温度，冷、热源辐射或直接接触高、低温物体（材料、火焰或爆炸物等）。

（四）噪声危险

主要危险源有机械噪声、电磁噪声和空气动力噪声等。

根据噪声的强弱和作用时间不同，可造成耳鸣、听力下降、永久性听力损伤，甚至暴震性耳聋等；再有是对生理的影响（包括对神经系统、心血管系统的影响）；还可能使人产生厌烦、精神压抑等不良心理反应；干扰语言和听觉信号从而可能继发其他危险等。

（五）振动危险

按振动作用于人体的方式，可分为局部振动和全身振动。振动可对人体造成生理和心理的影响，严重的振动可能产生生理严重失调等病变。

（六）辐射危险

某些辐射源可杀伤人体细胞和机体内部的组织，轻者会引起各种病变，重者会导致死亡。各种辐射源可分为电离辐射和非电离辐射两类。

（1）电离辐射包括 X 射线、γ 射线、α 粒子、β 粒子、质子、中子、高能电子束等。

（2）非电离辐射包括电波辐射（低频、无线电射频和微波辐射）、光波辐射（红外线、紫外线和可见光辐射）和激光等。

（七）材料和物质产生的危险

（1）接触或吸入有害物，可能是有毒、腐蚀性或刺激性的液、气、雾、烟和粉尘等。

（2）生物（如霉菌）和微生物（病毒或细菌）、致害动物、植物及动物的有机体等。

（3）火灾与爆炸危险。

（4）料堆（垛）坍塌、土/岩滑动造成掩埋所致的窒息危险。

（八）人类工效学危险

由于机械设计或环境条件不符合安全人机工程学原则，存在与人的生理或心理特征、能力不协调之处，可能产生以下危险。

（1）对生理的影响。超负荷、长期静态或动态操作姿势、超劳动强度导致的危险。

（2）对心理的影响。由于精神负担过重而紧张、生产节奏过缓而松懈、思想准备不足而恐惧等心理作用而产生的危险。

（3）对人操作的影响。表现为操作偏差或失误而导致的危险等。

（九）与机械使用环境有关的危险

不符合环境要求的粉尘和烟雾、电磁干扰、闪电、温度、湿度、风、缺氧等作业环境，会造成工作人员烧伤、疾病、滑倒、跌落、窒息等伤害。

（十）组合危险

存在于机械设备及生产过程中的危险和有害因素涉及面很宽，既有设备自身造成的危害，又有材料和物质产生的危险，也有生产过程中人的不安全因素，还有工作环境恶劣、劳动条件差（如负荷操作）等原因带来的灾害，表现出复杂、多样、动态、随机的特点。有些单一危险看起来微不足道，当它们组合起来时就可能发展为严重危险。

第三节　实现机械安全的途径与措施

一、采用本质安全技术

本质安全是指通过设计等手段使生产设备或生产系统本身具有安全性，即使在误操作或发生故障的情况下也不会造成事故的功能。具体包括失误－安全功能（误操作不会导致事故发生或自动阻止误操作）、故障－安全功能（设备、工艺发生故障时还能暂时正常工作或自动转变安全状态）。本质安全技术是指通过改变机器设计或工作特性来消除危险或减小与危险相关的风险的保护措施。本质安全利用本质安全技术进行机器预定功能的设计和制造，不需要采用其他安全防护措施，就可以在预定条件下执行机器的预定功能，满足机器自身安全的要求。

（一）合理的结构形式

结构合理可以从设备本身消除危险和有害因素，避免由于设计缺陷而导致发生任何可预见的与机械设备结构设计不合理有关的危险事件。为此，机械的结构、零部件或软件的设计应该与机械执行的预定功能相匹配。

（1）在不影响预定使用功能的前提下，避免锐边、利角和悬凸部分。

（2）不得由于配合部件的不合理设计，造成机械正常运行时的障碍、卡塞、松脱或连接失效。

（3）不得因为软件的设计瑕疵，引起数据丢失或死机。

（4）满足安全距离的原则，防止人体触及危险部位和避免受挤压或剪切的危险。

（二）限制机械应力以保证足够的抗破坏能力

组成机械的所有零件，通过优化结构设计来达到防止由于应力过大破坏或失效、过度变形或失稳坍塌引起故障或事故。

（1）专业符合性要求。机械设计与制造应满足专业标准或规范符合性要求，包括选择机械的材料性能数据、设计规程、计算方法和试验规则等。

（2）足够的抗破坏能力。各组成受力零部件应保证足够的安全系数，使机械应力不超过许用值，在额定最大载荷或工作循环次数下，应满足强度、刚度、抗疲劳性和构件稳定性要求。

（3）可靠的连接紧固方法。诸如螺栓连接、焊接、铆接、销键连接或粘接等连接方式，设计时应特别注意提高结合部位的可靠性。可通过采用正确的计算、结构设计和紧固方法来限制应力，防止运转状态下连接松动、破坏而使紧固失效，保证结合部的连接强度及配合精度和密封要求。

（4）防止超载应力。通过在传动链预先采用"薄弱环节"预防超载，如采用易熔塞、限压阀、断路器等限制超载应力，保障主要受力件避免破坏。

（5）良好的平衡和稳定性。通过材料的均匀性和回转精度，防止在高速旋转时引起振动或回转件的应力加大；在正常作业条件下，机械的整体应具有抗倾覆或防风、抗滑的稳定性。

（三）采用本质安全工艺过程和动力源

本质安全工艺过程和动力源，是指这种工艺过程和动力源自身是安全的。

（1）爆炸环境中的动力源安全。对在爆炸环境中使用的机械，应采用全气动或全液压控制操纵机构，或采用"本质安全"电气装置，避免一般电气装置容易出现火花而导致爆炸危险。防爆电气设备类型有本质安全型、隔爆型、增安型、充油型、充砂型、正压型、无火花型、特殊型等。

（2）采用安全的电源。电气部分应符合有关电气安全标准的要求。如限制最大额定电压或失效情况下的最大电流、与具有较高电压的电路分开或隔离、采用保护电路或漏电保护装置、加强带电体的绝缘、手动控制或密闭容器采用特低安全电压等，预防电击、短路、过载和静电的危险。

（3）防止与能量形式有关的潜在危险。采用气动、液压、热能等装置的机械，应避免与这些能量形式有关的各种潜在危险，按以下要求设计：借助限压装置防止管路或元件超压，不因压力损失、压力降低或真空度降低而导致危险；所有元件（尤其管子和软管）及其连接密封和有效的防护，不因泄漏或元件失效而导致流体喷射；气体接吸器、储气罐或承压容器及元件，在动力源断开时应能自动卸压，提供隔离措施或局部卸压及压力指示措施，保持压力的元件提供识别排空的装置和注意事项的警告牌，以防剩余压力造成危险。

（四）机械控制系统的安全设计

机械控制系统的设计应与所有电子设备的电磁兼容性相关标准一致，防止潜在的危险工况发生，如不合理的设计或控制系统逻辑的恶化、控制系统的元件由于缺陷而失效、动力源的突变或失效等原因导致意外启动或制动、速度或运动方向失控等。控制系统的安全设计应符合下列原则。

（1）统一机构的启、制动及变速方式。例如：启动或加速运动采用施加或增大电压或流体压力，或采用二进制逻辑元件由 0 状态到 1 状态等方式去实现；

制动或减速运动则采用相反的状态去实现。

（2）提供多种操作模式。不仅考虑执行预定功能的正常操作需要的控制模式，还要考虑非正常作业的需要（例如，必须移开、拆除防护装置，或抑制安全装置的功能才能进行的设定、示教、过程转换、查找故障、清理或维修等操作）提供检修调整的操作模式。通过设置模式选择器来转换并锁定对应的单一操作控制模式，确保检修调整操作不出危险。

（3）手动控制原则。无论是正常操作还是其他操作，当采用手动控制模式时，控制器应配置于危险区外、操作者伸手安全可达的位置，并应使操作者可以看见被控制部分，以便在发现险情时及时停机，设计和配置应符合安全人机工程学原则。

（4）考虑复杂机器的特定要求。例如，动力中断后重新接通时的自保护系统或重新启动装置，采用重新启动的原则、"定向失效模式"的部件或系统、"关键"件的加倍（或冗余）设置，可重新编程控制系统中安全功能的实现，防止危险的误动作措施，以及采用自动监控系统等其他措施。

（5）控制系统的可靠性。控制系统零部件的可靠性是安全功能完备性的基础，在规定的使用期限内，控制系统的零部件应能承受在预定使用条件下各种应力和干扰（如静电、磁场和电场，绝缘失效，零部件功能的临时或永久失效等）作用，不因失效使机械产生危险的误动作。

（五）材料和物质的安全性

生产过程各个环节所涉及的各类材料（包括制造机器的材料、燃料加工原材料、中间或最终产品、添加物、润滑剂、清洗剂，以及与工作介质或环境介质反应的生成物及废弃物等），只要在人员合理暴露的场所，其毒害物成分、浓度应低于安全卫生标准的规定，不得危及人员的安全或健康，不得对环境造成污染。此外还必须满足下列要求。

（1）材料的力学性能和承载能力。如抗拉强度、抗剪强度、冲击韧性、屈服点等，应能满足承受预定功能的载荷（如冲击、振动、交变载荷等）作用的要求。

（2）对环境的适应性。材料应具有良好的环境适应性，在预定的环境条件下工作时，应考虑温度、湿度、日晒、风化、腐蚀等环境影响，材料物质应有抗腐蚀、耐老化、抗磨损的能力，不致因物理性、化学性、生物性的影响而失效。

（3）材料的均匀性。保证材料的均匀性，防止由于工艺设计不合理，使材料的金相组织不均匀而产生残余应力，或由于内部缺陷（如夹渣、气孔、异物、裂纹等）给安全埋下隐患。

（4）避免材料的毒性和火灾爆炸的危险。在设计和制造选材时，优先采用无毒和低毒的材料或物质；防止机械自身或在使用过程中产生的气、液、粉尘、蒸气或其他物质造成的火灾和爆炸风险；在液压装置和润滑系统中，使用阻燃液体（特别是高温环境中的机械）和无毒介质（特别是食品加工机械）。

（5）对可燃、易爆的液、气体材料，应设计使其在填充、使用、回收或排放时减小风险或无危险。对不可避免的毒害物（如粉尘、有毒物、辐射物、放射物、腐蚀物等），应在设计时考虑采取密闭、排放（或吸收）、隔离、净化等措施。

（六）机械的可靠性设计

机械各组成部分的可靠性都直接与安全有关，机械零件与构件的失效最终必将导致机械设备的故障。关键机件的失效会造成设备事故和人身伤亡事故，甚至大范围的灾难性后果。提高机械的可靠性可以降低危险故障率，减少查找故障和检修的次数，不因失效使机械产生危险的误动作，从而可以减小操作者面临危险的概率。

（1）机械的可靠性的概念。机械的可靠性是指机械系统或机械产品在规定的条件下和规定的时间内，完成规定功能的能力。规定的条件包括产品所处的环境条件（温度、湿度、压力、振动、冲击、尘埃、日晒等）、使用条件（载荷大小和性质、操作者的技术水平等）、维修条件（维修方法、手段、设备和技术水平等）；规定的时间是广义的概念，既可以是时间，也可以用距离或循环次数等参数表示；规定的功能，是指机械设备的性能指标，是该机械若干功能全体的总和。

机械的可靠性一般可分为结构可靠性和机构可靠性。结构可靠性主要考虑机械结构的强度以及由于载荷的影响使之疲劳、磨损、断裂等引起的失效；机构可靠性考虑的不是强度问题引起的失效，而是机构在动作过程中由于运动学问题而引起的故障。

（2）机械可靠性指标。常用的机械产品可靠性指标包括产品的无故障性、耐久性、维修性、可用性和经济性等几个方面。通常用可靠度、故障率、平均寿命（或平均无故障工作时间）、维修度等指标。可靠性设计涉及两个方面，一是机械设备要尽量少出故障，二是出了故障要容易修复，即设备的可靠性和维修性。

（3）可靠性设计方法。包括预防故障设计、结构安全设计、简单化和标准化设计、储备设计（冗余设计）、耐环境设计、人机工程设计、概率设计等方法。

二、履行安全人机工程学原则

工作系统是指为了完成工作任务，在所设定的条件下，由工作环境（人周围物理的、化学的、生物学的、社会的和文化的因素）、工作空间、工作过程中共同起作用的人和机械设备（工具、机器、运载工具、器件、设施、装置等）组合而成的系统。安全人机工程学是从工作系统设计的安全角度出发，运用系统工程的理论方法，研究人—机系统各要素之间的相互作用、影响以及它们之间的协调方式，通过设计使系统的总体性能达到安全、准确、高效、舒适的目的。

（一）违反安全人机工程学原则可能产生的危险

在人－机系统中，人是最活跃的因素，始终起着主导作用，但同时也是最难把握、最容易受到伤害的。据资料统计，生产中有58%～70%的事故与忽视人的因素有关。人的特性参数包括人体特性参数（静态参数、动态参数、生理学参数和生物力学参数等）、人的心理因素（感觉、知觉和观察力、注意力、记忆和思维能力、操作能力等）及其他因素（性格、气质、需要与动机、情绪与情感、意志、合作精神等），在机械设计时，应充分考虑人的因素，从而避免由于违反安全人机工程学原则导致的安全事故。忽略安全人机工程学原则的机械设计可能产生的危险是多方面的，主要有如下方面。

（1）由于生理影响产生的危险。如不利于健康的操作姿势、用力过度或重复用力等体力消耗产生的疲劳所导致的危险。

（2）由于心理－生理影响产生的危险。在对机器进行操作或维护时，由于精神负担过重、缺乏思想准备以及过度紧张或节奏过缓造成的操作意识水平下降等原因而导致的危险。

（3）由于人的各种差错产生的危险，受到不利环境因素的干扰、人－机界面设计不合理、多人配合操作协调不当、使人产生各种错觉引起误操作所造成的危险。

（二）人－机系统模型

在人－机系统中，显示装置将机器运行状态的信息传递给人的感觉器官，经过人的大脑对输入信息的综合分析、判断，做出决策，再通过人的运动器官反作用于机器的操作装置，实施对机器运行过程的控制，完成预定的工作目的。人与机器共处于同一环境之中，人－机系统模型如图2－3所示。

人－机系统的可靠性是由人的操作可靠性和机械设备的可靠性共同决定的。由于人的可靠性受人的生理和心理条件、操作水平、作业时间和环境条件等多种因素影响且变化随机，具有不稳定的特点，在机械设计时，更多地从"机宜人"理念出发，同时综合考虑技术和经济的效果，去提高人－机系统的可靠性。

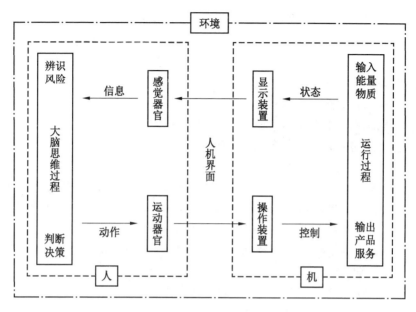

图 2-3 人-机系统模型图

在机械设计中，应该履行安全人机工程学原则，通过合理分配人机功能、适应人体特性、优化人机界面、作业空间布置和工作过程等方面的设计，提高机械的操作性能和可靠性。

（三）合理分配人机功能

人与机械的特性主要反映在对信息及能量的接受、传递、转换及控制上。在机械的整体设计阶段，通过分析比较人与机械各自的特性，充分发挥各自的优势，合理分配人机功能。将笨重、危险、频率快、精确度高、时间持久、单调重复、操作运算复杂、环境条件差等机器优于人的工作，交由机器完成；把创造研究、推理决策、指令和程序的编排、检查、维修、处理故障以及应付不测等人优于机器的工作，留给人来承担。

在可能的条件下，用机械设备来补充、减轻或代替人的劳动。尽量通过实现机械化、自动化，减少操作者干预或介入危险的机会，使人的操作岗位远离危险或有害现场，同时也对人的知识和技能提出了较高的要求。

无论机械化、自动化程度多高，人的核心和主导地位是不变的。随着科学技术的发展，人机功能分配出现操作向机器转移，人从直接劳动者向监控或监视者转变的趋势，这将把人从危险作业环境中解脱出来，使生产过程更加安全。

（四）友好的人机界面设计

人机界面即在机器上设置的供人、机进行信息交流和相互作用的界面。从物理意义上讲，人机界面是人机相互作用所必需的技术方案的一部分，集中体现在为操作人员与设备之间提供直接交流的操纵器和显示装置上。借助这些装置，操作人员可以安全有效地监控设备的运行。

1. 显示器的安全人机学要求

显示器是显示机械运行状态的装置，是人们用以观察和监控系统运行过程的手段。显示装置的设计、性能和形式选择、数量和空间布局等，应符合信息特征和人的感觉器官的感知特性，保证迅速、通畅、准确地接收信息。

按人接收信息的途径不同，显示器可分为视觉装置（借助视亮度、对比度、颜色、形状、尺寸或排列传送的信息）、听觉装置（通过发于声源的音调、频率和间歇变化传送的信息）和触觉装置（借助表面粗糙度、轮廓或位置传送的信息）。其中，由于视觉信号容易辨识、记录和储存，因而视觉装置得到了广泛应用。听觉装置常用于报警。

显示装置应满足安全人机工程学要求，具体如下。

（1）信号和显示器的种类和设计应保证清晰易辨，指示器、度盘和视觉显示装置的设计应在人能感知的参数和特征范围之内；显示形式（常见的有数字式和指针式）、尺寸应便于察看；信息含义明确、耐久、清晰易辨。

（2）信号和显示器的种类和数量应符合信息的特性。种类和数量要少而精，不可过多过滥，淹没主要信息，提供的信息量应控制在不超过人能接受的生理负荷限度内；信号显示的变化速率和方向应与主信息源变化的速率和方向相一致；当显示器数量很多时，其空间配置应保证清晰、可辨，迅速地提供可靠的信息。

（3）当信号和显示器的数量较多时，应根据其功能和显示的种类不同，根据重要程度、使用频度和工艺流程要求，适应人的视觉习惯，按从左到右、从上到下或顺时针的优先顺序，布置在操作者视距和听力的最佳范围内；此外，还可依据工艺过程的机能、测定种类等划分为若干组排列。

（4）危险信号和报警装置。对安全性有重大影响的危险信号和报警装置，应配置在机床设备相应的易发生故障或危险性较大的部位，优先采用声、光组合信号。

（5）在以观察和监视为主的长时间的工作中，应通过信号和显示器的设计和配置来避免超负荷和负荷不足的影响。

2. 操纵（控制）器的安全人机工程学要求

操纵（控制）器是受到人作用而动作的执行部件，用来对机械的运行状态进行控制。按人体执行操纵的器官不同，可分为手控、脚控和声控等多种类型。

由于手比脚的动作更精细、快速、准确，所以手控操纵器占有重要位置；脚控操纵器由于动作快速且需较大的力，一般只作为手控方式的补充。操纵器的选择、设计和配置应适合于控制任务，与人体操作部分的运动器官的运动特性相适应，与操作任务要求相适应。

操纵（控制）器应满足的安全人机工程学要求，具体如下。

（1）操纵器的形状、尺寸和触感等表面特征的设计和配置应符合人体测量学指标，便于操作者的手或脚准确、快速地执行控制任务；手握操纵器与手接触部位应采用便于持握的形状，表面不得有尖角、毛刺、缺口、棱边等可能伤及手的缺陷。

（2）操纵器的行程和操作力应根据控制任务、人体生物力学及人体测量参数确定，操纵力不应过大而使劳动强度增加；行程不应超过人的最佳用力范围，避免操作幅度过大引起疲劳。

（3）在任何情况下，操纵器的布置应在操作者肢体活动范围可达区域内，重要和经常使用的操纵器应配置在易达区，使用频繁的应配置在最佳区，同时应符合操作的安全要求。

（4）当操纵器数量较多时，其布置与排列应以能够安全、准确、迅速地操作为原则进行配置。应布置为成组排列，功能相关的操纵器、显示装置应集中安放；在满足控制器功能的前提下，按重要度和使用频率、操作顺序和逻辑关系配置，同时兼顾人的操作习惯；当考虑操作顺序要求时，应按照由左向右或自上而下的顺序排列；控制动作、设备响应和信息显示应相互适应或形成对应的空间关系。

（5）各种操纵器的功能应易辨认，避免混淆，必要时应辅以符合标准、容易理解的形象符号或文字加以说明；当执行几种不同动作采用同一个操纵器时，每种动作状态应能清晰地显示，同一系统有多个操纵器时，为使操作者能够迅速准确地识别以防止误操作，应对操纵器进行识别编码。

（6）操纵器的控制功能与动作方向应与机械系统过程的变化运动方向一致，控制动作、设备的应答和显示信息应相互适应和协调；同样操作模式的同类型机械应采用标准布置，以减少操作差错（表2-1）。

表2-1 操纵器的控制功能与动作方向表

动作/功能	开通	关闭	增加	减少	前进	后退	向左	向右	开车	刹车
向上	√		√		√		—	—	√	
向下		√		√		√	—	—		√

表 2-1（续）

动作/功能	开通	关闭	增加	减少	前进	后退	向左	向右	开车	刹车
向前	√		√		√		—	—	√	
向后		√		√		√	—	—		√
向右	√		√		√			√	√	
向左		√		√		√	√			√
顺时针	√		√		—	—		√	√	
逆时针		√		√	—	—	√			√
提拉	√		—	—	—	—	—	—	—	—
按压		√	—	—	—	—	—	—	—	—

（7）多挡位的操纵器应有可靠的定位及自锁、联锁措施，防止操作越位、意外触碰移位或由于振动等原因自行移位；在同一平面上相邻且相互平行配置时，操纵器内侧间距应保证不产生相互干涉；在特殊条件下（如振动、冲击或颠簸环境）进行精细调节或连续调节时，应提供相应的依托支撑以保证操作平稳准确；对关键控制器应有防止误动作的保护措施，使操作不会引起附加风险。

（五）工作空间的设计

工作空间是指为了完成工作任务，在工作系统中分配给一个或多个人的空间范围。在工作空间设计时，应满足以下安全人机工程学要求。

（1）应合理布置机械设备上直接由人操作或使用的装置或器具，包括各种显示器、操纵器、照明器等。显示器的配置，应使操作者可无障碍观察；操纵器应设置在机体功能可及的范围内，并适合于人操作器官功能的解剖学特性；对实现系统目标有重要影响的显示器和操纵器，应将其布置在操作者视野和操作的最佳位置，防止或减少因误判断、误操作引起的意外伤害事故。

（2）工作空间（必要时提供工作室）的设计应考虑到工作过程对人身体的约束条件，为身体的活动（特别是头、手臂、手、腿和足的活动）提供合乎心理和生理要求的充分空间；工作室结构应能防御外界的危险和有害因素作用，其装潢材料必须是耐燃、阻燃的；有良好的视野，保证在无任何危险情况下使操作者在操作位置直接看到，或通过监控装置了解到控制目标的运行状态，并能确认没有人面临危险；存在安全风险的作业点，应留有在意外情况下可以避让的空间或设置逃离的安全通道。

（3）设计注重创造良好的、与人的劳动姿势有关的工作空间。工作高度、工作面或工作台应适合操作者的身体尺寸，并使操作者以安全、舒适的身体姿势进行作业，并得到适当的支撑；座位装置应可调节，适合人的解剖、生理特点，其固定须能承受相应载荷不破坏，将振动降低到合理的最低程度，防止产生疲劳和发生事故。

（4）若操作者的工作位置在坠落基准面2 m以上（含2 m）时，必须考虑脚踏和站立的安全性，配置供站立的平台、梯子和防坠落的栏杆等；若操作人员经常变换工作位置，还须设置安全通道；由于工作条件所限，固定式防护不足以保证人员安全时，应同时配备防高处坠落的个人防护装备（如安全带、安全网等）；当机械设备的操作位置高度在30 m以上（含30 m）时，必须配置安全可靠的载人升降设备。

（六）工作过程的设计

工作过程是指在工作系统中，人、机械设备、材料、能量和信息在时间和空间上相互作用的工序过程。工作过程设计、操作的内容和重复程度，以及操作者对整个工作过程的控制，应避免超越操作者生理或心理的功能范围，保持正确、稳定的操作姿势，保护作业人员的健康和安全。当工作系统的要求与操作者的能力之间不匹配时，可通过修改工作系统的作业程序，或要求其适合操作者的工作能力，或提供相应的设施以适应工作要求等多种途径，将不匹配现象减少到最低限度，从而提高作业过程的安全性。

（1）负载限度。减少操作时来回走动的距离和身体扭转或摆动的幅度，使操作时动作的幅度、强度、速度、用力互相协调，避免用力过度、频率过快或超载使人产生疲劳，也要防止由于工作负载不足或动作单调重复而降低对危险的警惕性。

（2）工作节奏。遵循人体的自然节奏来设计操作模式或动作，避免将操作者的工作节奏强制与机器的自动连续节拍相联系，使操作者处于被动配合状态，防止由于工作节奏过分紧张产生疲劳而导致危险。

（3）作业姿势。身体姿势不应由于长时间的静态肌肉紧张而引起疲劳，机械设备上的操作位置，应能保证操作者可以变换姿势，交替采用坐姿和立姿。若两者必择其一，则优先选择坐姿，并配备带靠背的座椅以供坐姿操作；身体各动作间应保持良好的平衡，提供适宜的工作平台，防止失稳或立面不足跌落，尤其是在高处作业时要特别注意。

（七）工作环境设计

工作环境是指在工作空间中，人周围物理的、化学的、生物学的诸因素的综合。当然，社会的和文化的因素也属于广义的环境范畴（这不是本书讨论的重点从略）。工作环境设计应以客观测定和主观评价为依据，保证工作环境中的外在因素对人无害。

（1）工作场所总体布置、工作空间大小和通道应适当。

（2）应避免人员暴露于危险及有害物质（温度、振动、噪声、粉尘、辐射、有毒）的影响中。根据现场人数、劳动强度、污染物质的产生、耗氧设备等情况调节通风。

（3）应按照当地的气候条件调节工作场所的热环境。在室外工作时，对不利的气候影响（如热、冷、风、雨、雪、冰等）应提供适当的遮掩物。

（4）应提供达到最佳视觉感受的照明（亮度、对比度、颜色及其反差、光分布的均匀度等），优先采用自然光，辅之以局部照明，避免眩光、耀斑、频闪效应及不必要的反射引起的风险，提供事故状态下的应急照明设施。

（5）工作环境应避免有害或扰人的噪声和振动的影响，同时应兼顾语言信号的清晰度和人员对警示声信号的感觉。传递给人的振动和冲击不应当引起身体损伤和病理反应或感觉运动神经系统失调。

三、安全防护措施

安全防护是指采用特定的技术手段，防止人们遭受不能由设计适当避免或充分限制的各种危险的安全措施。安全防护措施的类别主要有防护装置、安全装置及其他安全措施，前两者统称为安全防护装置。

安全防护是从人的安全需要出发，在各个生产要素处于动态作用的情况下，针对可能对人员造成伤害的事故和职业危害，特别是一些危险性较大的机械设备以及事故频繁发生的部位，对机械危险和有害因素进行预防的安全技术措施。

机械危险安全防护的重点是机械的传动部分、操作区、高处作业区、机械的其他运动部分、移动机械的移动区域，以及某些机械由于特殊危险形式而需要特殊防护等。采用何种防护手段，应根据对具体机械进行风险评价的结果来决定。

（一）采用安全防护装置可能存在的附加危险

安全防护装置达不到相应的安全技术要求，有可能带来附加危险，即使配备了安全防护装置也不过是形同虚设，甚至比不设置更危险；设置的安全防护装置必须使用方便，否则，操作者就可能为了追求达到机械的最大效用而避开甚至拆除安全防护装置。在设计时，应注意以下因素带来的附加危险并采取措施。

（1）安全防护装置出现故障会立即增加损伤或危害健康的风险。

（2）安全防护装置在减轻操作者精神压力的同时，也容易使操作者形成心理依赖，放松对危险的警惕性。

（3）由动力驱动的安全防护装置，其运动零部件产生的接触性机械危险。

（4）安全防护装置自身结构存在安全隐患，如尖角、锐边、凸出部分等危险。

（5）由于安全防护装置与机器运动部分安全距离不符合要求导致的危险。

（二）安全防护装置的一般要求

在人和危险之间构成安全保护屏障，是安全防护装置的基本安全功能。为此，安全防护装置必须满足与其保护功能相适应的安全技术要求。基本安全要求如下。

（1）结构形式和布局设计合理，具有切实的保护功能，确保人体不受到伤害。

（2）结构应坚固耐用，不易损坏；结构件无松脱、裂损、变形、腐蚀等危险隐患。

（3）不应成为新的危险源，不增加任何附加危险。可能与使用者接触的部分会产生对人员的伤害或阻滞（如避免尖棱利角、加工毛刺、粗糙的边缘等），并应提供防滑措施。

（4）不应出现漏保护区，安装可靠，不易拆卸（或非专用工具不能拆除）；易被旁路或避开。

（5）满足安全距离的要求，使人体各部位（特别是手或脚）无法逾越接触危险，同时防止挤压或剪切。

（6）对机械使用期间各种模式操作产生的干扰最小，不因采用安全防护装置增加操作难度或强度，视线障碍最小。

（7）不应影响机器的使用功能，不得与机械的任何正常可动零部件产生运动抵触。

（8）便于检查和修理。在设计安全防护装置时，必须保证装置的可靠性，其功能除了能防止机械危险外，还应能防止由机械产生的其他各种非机械危险；安全防护装置应与机械的工作环境相适应且不易损坏。

（三）防护装置

防护装置是指采用壳、罩、屏、门、盖、栅栏等结构作为物体障碍，将人与危险隔离的装置。

常见的防护装置有用金属铸造或金属板焊接的防护箱罩，一般用于齿轮传动或传输距离不大的传动装置的防护；金属骨架和金属网制成的防护网，常用于带传动装置的防护；栅栏式防护适用于防护范围比较大的场合，或作为移动机械移动范围内临时作业的现场防护，或用于有坠落风险的高处临边作业的防护等。

1. 防护装置的功能

（1）隔离作用。防止人体任何部位进入机械的危险区，触及各种运动零部件。

（2）阻挡作用。防止飞出物打击、高压液体的意外喷射或防止人体灼烫、腐蚀伤害等。

（3）容纳作用。接收可能由机械抛出、掉落、发射的零件及其破坏后的碎片以及喷射的液体等。

（4）其他作用。在有特殊要求的场合，还应对电、高温、火、爆炸物、振动、放射物、粉尘、烟雾、噪声等具有特别阻挡、隔绝、密封、吸收或屏蔽等作用。

2. 防护装置的类型

有单独使用的防护装置，只有当防护装置处于关闭状态时才能起防护作用；还有与联锁装置联合使用的防护装置，无论防护装置处于任何状态都能起到防护作用。按使用方式可分为以下几种。

（1）固定式防护装置。保持在所需位置（关闭）不动的防护装置，不用工具不可能将其打开或拆除。常见的形式有封闭式、固定间距式和固定距离式。其中，封闭式固定防护装置将危险区全部封闭，人员从任何地方都无法进入危险区；固定间距式和固定距离式防护装置不完全封闭危险区，凭借安全距离来防止或减少人员进入危险区的机会。

（2）活动式防护装置。通过机械方法（如铁链、滑道等）与机器的构架或邻近的固定元件相连接，并且不用工具就可打开，常见的有整个装置的位置可调或装置的某组成部分可调（活动防护门、抽拉式防护罩等）。

（3）联锁防护装置。防护装置的开闭状态直接与防护的危险状态相联锁，只要防护装置不关闭，被其"抑制"的危险机器功能就不能执行，只有当防护装置关闭时，被其"抑制"的危险机器功能才有可能执行；在危险机器功能执行过程中，只要防护装置被打开，就给出停机指令。

3. 防护装置的安全技术要求

（1）固定防护装置应采用永久固定（通过焊接等）方式，或借助紧固件（螺钉、螺栓、螺母等）固定方式固定，若不用工具（或专用工具）就不能使其移动或打开。

（2）防护结构体不应出现漏保护区，并应满足安全距离的要求，使人不可越过或绕过防护装置接触危险。

（3）活动防护装置或防护装置的活动体打开时，尽可能与被防护的机械借铰链或导链保持连接，防止挪开的防护装置或活动体丢失或难以复原而使防护装置丧失安全功能。

（4）当活动联锁式防护装置出现丧失安全功能的故障时，被其"抑制"的危险机器功能不可能执行或停止执行，装置失效不得导致意外启动。

（5）防护装置应设置在进入危险区的唯一通道上。

（6）防护装置结构体应有足够的强度和刚度，能有效抵御飞出物的打击或外力的作用，避免产生不应有的变形。

（7）可调式防护装置的可调或活动部分的调整件，在特定操作期间应保持固定、自锁状态，不得因为机械振动而移位或脱落。

（四）安全装置

通过自身的结构功能限制或防止机械的某种危险，或限制运动速度、压力等危险因素。常见的有联锁装置、双手操作式装置、自动停机装置、限位装置等。

1. 安全装置的技术特征

（1）安全装置零部件的可靠性应作为其安全功能的基础，在规定的使用期限内，不会因零部件失效使安全装置丧失主要安全功能。

（2）安全装置应能在危险事件即将发生时停止危险过程。

（3）重新启动的功能，即当安全装置动作第一次停机后，只有重新启动机械才能开始工作。

（4）光电式、感应式安全装置应具有自检功能，当安全装置出现故障时，应使危险的机械功能不能执行或停止执行，并触发报警器。

（5）安全装置必须与控制系统一起操作，并与其形成一个整体，安全装置的性能水平应与之相适应。

（6）安全装置的设计应采用"定向失效模式"的部件或系统，考虑关键件的加倍冗余，必要时还应考虑采用自动监控。

2. 安全装置的种类

按功能不同，安全装置可大致分为以下几类。

（1）联锁装置。联锁装置是防止机械零部件在特定条件下（一般只要防护装置不关闭）运转的装置，可以采用机械、电动、液压或气动等形式。

（2）使动装置。使动装置是一种附加手动操纵装置，当机械启动后，只有操纵该使动装置，才能使机械执行预定功能。

（3）止－动操作装置。止－动操作装置是一种手动操纵装置，只有当手对操纵器作用时，机械才能启动并保持运转；当手放开操纵器时，该操作装置能自动恢复到停止位置。

（4）双手操纵装置。双手操纵装置是两个手动操纵器同时动作的操纵装置。只有两手同时对操纵器作用，才能启动并保持机械或机械的一部分运转。这种操纵装置可以强制操作者在机器运转期间，双手没有机会进入机器的危险区。

（5）自动停机装置。当人或人体的某一部分超越安全限度，就使机械或其零部件停止运转（或保持其他的安全状态）的装置。自动停机装置可以是机械驱动的，如触发线、可伸缩探头、压敏装置等；也可以是非机械驱动的，如光电装置、电容装置、超声装置等。

（6）抑制装置。抑制装置是一种机械障碍（如楔、支柱、撑杆、止转棒等）装置。该装置靠其自身强度支撑在机构中，用来防止某种危险运动发生。

（7）限制装置。限制装置是防止机械或机械要素超过设计限度（如空间限度、速度限度、压力限度等）的装置。

（8）有限运动控制装置，也称为行程限制装置。只允许机械零部件在有限的行程范围内动作，而不能进一步向危险的方向运动。

（9）排除阻挡装置。通过机械方式，在机械的危险行程期间，将处于危险中的人体部分从危险区排除；或通过提供自由进入的障碍，减小进入危险区的概率。

安全装置种类很多，防护装置和安全装置经常通过联锁成为组合的安全防护装置，如联锁防护装置、带防护锁的联锁防护装置和可控防护装置等。

（五）安全防护装置的设置原则

（1）以操作人员所站立的平面为基准，凡高度在 2 m 以内的各种运动零部件应设置防护。

（2）以操作人员所站立的平面为基准，凡高度在 2 m 以上的物料传输装置、皮带传动装置以及有施工机械施工处的下方，应设置防护。

（3）以操作人员所站立的平面为基准，凡在坠落高度的基准面 2 m 以上的作业位置，应设置防护。

（4）为避免挤压和剪切伤害，直线运动部件之间或直线运动部件与静止部件之间的间距应符合安全距离的要求。

（5）运动部件有行程距离要求的，应设置可靠的限位装置，防止因超越行程运动而造成伤害。

（6）对于可能因超负荷发生部件损坏而造成伤害的机械，应设置负荷限制装置。

（7）对于惯性冲撞运动部件，必须采取可靠的缓冲装置，防止因惯性而造成伤害事故。

（8）对于运动中可能松脱的零部件，必须采取有效措施加以紧固，防止由于启动、制动、冲击、振动而引起松动。

（六）安全防护装置的选择原则

选择安全防护装置的形式应考虑所涉及的机械危险和其他非机械危险，根据机械零部件运动的性质和人员进入危险区的需要来决定。对特定机械的安全防护，应根据对该机械的风险评价结果进行选择。

（1）对于机械正常运行期间操作者不需要进入危险区的场合，优先考虑选用固定式防护装置，包括进料、取料装置，辅助工作台，适当高度的栅栏，通道防护装置等。

（2）对于机械正常运转时需要进入危险区的场合，当需要进入危险区的次数较多，经常开启固定防护装置会带来不便时，可考虑采用联锁装置、自动停机装置、可调防护装置、自动关闭防护装置、双手操纵装置和可控防护装置等。

（3）对于非运行状态的其他作业期间需进入危险区的场合，如机械的设定、示教、过程转换、查找故障、清理或维修等作业，需要移开或拆除防护装置；或人为使安全装置功能受到抑制，可采用手动控制模式、止－动操纵装置或双手操纵装置、点动－有限的运动操纵装置等。有些情况下，可能需要几个安全防护装置联合使用。

四、安全信息的使用

机械的安全信息由文字、标志、信号、符号或图表组成，以单独或联合使用的形式向使用者传递信息，用以指导使用者安全、合理、正确地使用机械，警告或提醒危险、危害健康的机械状态和应对机械危险事件。安全信息是机械的组成部分之一。

提供安全信息应贯穿机械使用的全过程，包括运输、试验运转（装配、安装和调整）、使用（设定、示教或过程转换、运转、清理、查找故障和维修），如果有特殊需要，还应包括解除指令、拆卸和报废处理的信息。这些安全信息在各阶段可以分开使用，也可以联合使用。

（一）安全信息概述

1. 安全信息的功能

（1）明确机械的预定用途。安全信息应具备保证安全和正确使用机械所需的各项说明。

（2）规定和说明机械的合理使用方法。安全信息中应说明安全使用机械的程序和操作模式，对不按要求而采用其他方式操作机械的潜在风险提出适当警告。

（3）通知和警告遗留风险。对于通过设计和采用安全防护技术均无效或不完全有效的那些遗留风险，通过提供信息通知和警告使用者，以便采用其他的补救安全措施。

应当注意的是，安全信息只起提醒和警告的作用，不能在实质意义上避免风险。因此，安全信息不可用于弥补设计的缺陷，不能代替应该由设计解决的安全技术措施。

2. 安全信息的类别

（1）信号和警告装置等。

（2）标志、符号（象形图）、安全色、文字警告等。

（3）随机文件，如操作手册、说明书等。

3. 信息的使用原则

（1）根据风险的大小和危险的性质，可依次采用安全色、安全标志、警告信号和警报器。

（2）根据需要信息的时间采用不同的形式。提示操作要求的信息应采用简洁形式，长期固定在所需的机械部位附近；显示状态的信息应尽量与工序顺序一致，与机械运行同步出现；警告超载的信息应在负载接近额定值时提前发出警告信息；危险紧急状态的信息应即时发出，持续的时间应与危险存在的时间一致，持续到操作者干预为止或信号随危险状态解除而消失。

（3）根据机械结构和操作的复杂程度采用不同的信息。对于简单机械，一般只需提供有关安全标志和使用操作说明书；对于结构复杂的机械，特别是有一定危险性的大型设备，除了配备各种安全标志和使用说明书（或操作手册）外，还应配备有关负载安全的图表、运行状态信号，必要时提供报警装置等。

（4）根据信息内容和对人视觉的作用采用不同的安全色。为了使人们对存在不安全因素的环境、设备引起注意和警惕，需要涂以醒目的安全色。需要强调的是，安全色的使用不能取代防范事故的其他安全措施。

（5）应满足安全人机工程学的原则。采用安全信息的方式和使用的方法应与操作人员或暴露在危险区的人员能力相符合。只要可能，应使用视觉信号；在可能有人感觉缺陷的场所，如盲区、色盲区、耳聋区或使用个人保护装备而导致出现盲区的地方，应配备感知有关安全信息的其他信号（如声音、触摸、振动等信号）。

（二）安全色

安全色是表达安全信息的颜色，表示禁止、警告、指令、提示等意义。统一使用安全色，能使人们在紧急情况下，借助所熟悉的安全色含义识别危险部位，快速采取措施，提高自控能力，防止发生事故。

1. 安全色的颜色及适用范围

安全色采用红、蓝、黄、绿4种，其颜色含义和适用范围如下。

（1）红色。表示禁止和停止、消防和危险。凡是禁止、停止和有危险的器件、设备或环境，均应涂以红色标志；红色闪光是警告操作者情况紧急，应迅速采取行动。

（2）黄色。表示注意、警告。凡是警告人们注意的器件、设备或环境，均应涂以黄色标志。

（3）蓝色。表示需要执行的指令、必须遵守的规定或应采用的防范措施等。安全色的含义见表2-2。

（4）绿色。表示通行、安全和正常工作状态。凡是在可以通行或安全的情况均应涂以绿色标志。

表2-2 安全色的颜色含义表

颜　色	颜　色　含　义	
	人员安全	机械/过程状况
红	危险/禁止	紧急
黄	注意、警告	异常
蓝	执行	强制性
绿	安全	正常

2. 安全色的对比色

安全色有时采用组合或对比色的方式，常用的安全色及其相关的对比色有红色－白色、黄色－黑色、蓝色－白色、绿色－白色。

例如，黄色与黑色相间隔的条纹，比单独使用黄色更为醒目，表示特别注意的含义，常用于低管道、起重吊钩、平板拖车排障器等。

（三）信号和警告装置

信号的功能是提醒注意，如机器启动、起重机开始运行等；显示运行状态或发生故障，如故障显示灯；危险状态的先兆或发生可能性的警告，而且要求人们做出排除或控制险情的反应。险情包括人身伤害或设备事故风险，如机械事故信号、超速报警、有毒物质泄漏报警等。

1. 信号和警告装置的类别

（1）视觉信号。特点是占用空间小、视距远、简单明了，可采用亮度高于背景的稳定光和闪烁光。根据险情对人危害的紧急程度和可能后果，险情视觉信号分为警告视觉信号（显示需采取适当措施消除或控制险情发生的可能性和先兆的信号）和紧急视觉信号（显示涉及人身伤害风险的险情开始或确已发生并需采取措施的信号）两类。

（2）听觉信号。利用人的听觉反应快的特性，用声音传递信息。听觉信号的特点是可不受照明和物体障碍的限制，强迫人们注意。常见的有蜂鸣器、铃、报警器等，其声级应明显高于环境噪声的级别。当背景噪声超出 110 dB(A) 时，不应再采用听觉信号。

（3）视听组合信号。其特点是光、声信号共同作用，用以强化危险和紧急状态的警告功能（表 2 - 3）。

表 2 - 3　视听信号特征分类表

声	光	含　义
扫频声	红色	危险，紧急行动
猝发声，快脉冲	红色	危险，紧急行动
交变声	红色	危险，紧急行动
短声	黄色	注意，警戒
序列声	蓝色	命令，强制性行动
拖延声	绿色	正常状态，警报解除

2. 信号和警告装置的安全要求

在信号的察觉性、可分辨性和含义明确性方面，险情视觉信号必须优于其他一切视觉信号；紧急视觉信号必须优于所有的警告视觉信号。

（1）险情视觉信号应在危险事件出现前或危险事件出现时即发出，在信号接收区内任何人都应能察觉、辨认信号，并对信号做出反应。

（2）信号和警告的含义确切，一种信号只能有一种特定的含义。

（3）信号能被明确地察觉和识别，并与其他用途信号明显相区别。

（4）防止视觉或听觉信号过多引起混乱，或显示频繁导致"敏感度"降低而丧失应有的作用。

（四）安全标志

标志也称标识、标记，用于明确识别机械的特点和指导机械的安全使用，说明机械或其零部件的性能、规格和型号、技术参数，或表达安全的有关信息。可分为性能参数标志和安全标志两大类。

性能参数标志用于识别机械产品的类别和部分特点。如机械标志（标牌），应有制造厂的名称与地址、所属系列或形式、系列编号或制造日期等；机械安全使用的参数或认证标志，如最高转速、加工工件或工具的最大尺寸、可移动部分的质量、防护装置的调整数据、检验频次、"CCC"标志或"CE"标志等；零件性能参数标志，机械上对于安全有重要影响的易损零件，如钢丝绳、砂轮等必须有性能参数标志等。

安全标志在机械上的用途很广，例如，用于安全标志牌，机器上的危险部位，紧急停止按钮，安全罩的内面，滑轮架和支腿，防护栏杆，梯子或楼梯的第一和最后的阶梯，信号旗等。

1. 安全标志的四类功能

根据功能不同，将安全标志分为禁止标志、警告标志、指令标志和提示标志四类。

（1）禁止标志。表示不准或制止人们的某种行动。

（2）警告标志。使人们注意可能发生的危险。

（3）指令标志。表示必须遵守，用来强制或限制人们的行为。

（4）提示标志。示意目标地点或方向。

2. 安全标志的基本特征

安全标志由安全色、图形符号和几何图形构成，有时附以简短的文字警告说明，用以表达特定的安全信息。安全标志和辅助标志的组合形式、颜色和尺寸以及使用范围见表2-4，并应符合安全标准规定。

表2-4 安全标志基本特征表

标志含义	标志形状	图案颜色	衬底颜色	边框颜色	备注
禁止	圆形	黑色	白色	红色	红色斜杠
警告	三角形	黑色	黄色	黑色	
指令	圆形	白色	蓝色		
紧急出口或急救	矩形或正方形	白色	绿色		

3. 安全标志应满足的要求

（1）含义明确无误。在预期使用条件下，安全标志要明显可见，易从复杂背景中识别；图形符号应由尽可能少的关键要素构成，简单、明晰，合乎逻辑；文字应释义明确无误，不使人费解或误会；使用图形符号应优先于文字警告，文字警告应采用机械设备使用国家的语言；标志必须符合公认的标准。

（2）内容具体，有针对性。符号或文字警告应表示危险类别，具体且有针对性，不能笼统写"危险"；可附有简单的文字警告或简要说明防止危险的措施，例如，指示佩戴个人防护用品，或具体说明"小心夹挤""小心碰撞"等。

（3）标志的设置位置。机械设备易发生危险的部位，必须有安全标志。标志牌应设置在醒目且与安全有关的地方，利于人们看到后有足够的时间来注意它所表示的内容。不宜设在门、窗、架或可移动的物体上。

（4）标志检查与维修。标志在整个机械寿命内应保持连接牢固、字迹清楚、颜色鲜明、清晰、持久，抗环境因素（如液体、气体、气候、盐雾、温度、光等）引起的损坏，耐磨损且尺寸稳定。应半年至每年检查一次，发现变形、破损或图形符号脱落以及变色等影响效果的情况，应及时修整、更换或重涂，以保证标志正确、醒目。

（五）随机文件

主要是指操作手册、使用说明书或其他文字说明（如保修单等）。

1. 随机文件应包括的内容

机械设备必须有使用说明书等技术文件。说明书内容包括安装、搬运、储存、使用、维修和安全卫生等有关规定，应该在各个环节对遗留风险提出通知和警告，并给出对策建议。

（1）机械设备运输、搬运和储存的信息。机械设备的储存条件和搬运要求，尺寸、质量、重心位置等。

（2）机械设备自身安装和交付运行的信息。装配和安装条件，使用和维修需要的空间，允许的环境条件（温度、湿度、振动、电磁辐射等），机械设备与动力源的连接说明（特别是防止超负荷用电），机械设备及其附件清单，防护装置和安全装置的详细说明，电气装置的有关数据，机械设备的应用范围（包括禁用范围）等。

（3）劳动安全卫生方面的信息。机械设备工作的负载图表（尤其是安全功能图解表示），产生的噪声、振动的数据和由机械发出的射线、气体、蒸气及粉尘等数据，证明机械设备符合有关强制性安全标准要求的正式证明文件等。

（4）有关机械设备使用操作的信息。手动操纵器的说明，对设定与调整的说明，停机的模式和方法（尤其是紧急停机），关于使用某些附件可能产生的特殊风险信息以及所需的特定安全防护装置的信息，有关禁用信息，对故障的识别与位置确定、修理和调整后再启动的说明，关于遗留风险的信息，关于可能发射或泄漏有害物质的警告，使用个人防护用品和所需提供培训的说明，紧急状态应急对策的建议等。

（5）维修信息。需要进行检查的性质和频次，是否要求有专门技术或特殊技能的维修人员或专家执行维修的说明，是否可由操作者进行维修的说明，提供便于执行维修任务（尤其是查找故障）的图样和图表，关于停止使用、拆卸和由于安全原因而报废的信息等。

2. 对随机文件的要求

（1）随机文件的载体。可提供电子音像制品，同时提供纸质印刷品。文件要具有耐久性，可经受使用者频繁地拿取使用和翻看。

（2）使用语言。采用机械设备使用国家的官方语言；在少数民族地区使用的机械设备应使用民族语言书写，对多民族聚居的地区还应同时提供各民族语言的译文。

（3）多种信息形式。尽可能做到图文并茂（如插图和表格等），文字说明不应与相应的插图和表格分离；采用字体的形式和大小应保证最好的清晰度，安全警告应采用符合标准的相应颜色和符号加以强调，以便引起注意并能迅速识别。

（4）面向使用者，有针对性。提供的信息必须明确针对特定型号的机械设备，而不是泛指某一类机械；面对所有合理的机械设备使用者，采用标准的术语和量纲（单位）表达；对不常用的术语应给出明确的说明，若机械设备是由非专业人员使用，则应以容易理解并不发生误解的形式编写。

五、附加预防措施

附加预防措施是指在设计机械时，除了通过设计减小风险，采用安全防护措施和提供各种安全信息外，还应另外采取的有关安全措施。例如，急停措施，当陷入危险时的人员躲避和援救措施，机械的维修措施，断开动力源与能量泄放措施，机械及其重型零部件安全搬运措施，安全进入机器的措施等。这些附加预防措施是在设计机械时应当考虑的。附加预防措施要根据机械的具体情况，考虑是否需要一种或几种附加预防措施的组合。

（一）急停装置

急停装置是紧急状态的停止装置，每台机械都应装备一个或多个急停装置，以避开已有或即将发生的危险状态，但用急停装置无法减少其风险的机械除外。急停装置应满足以下安全要求。

（1）清楚可见，便于识别，明显区别于其他控制装置。一般采用红色的掌形或蘑菇头形状。

（2）设置在操作者或其他人员在合理的作业范围可无危险地迅速接近并触及的位置，同时还要有防止意外操作的措施。

（3）急停装置的控制机构和被操纵机构应采用强制机械作用原则，以保证操作时能迅速停机。

（4）急停装置应能迅速停止危险运动或危险过程而不产生附加风险，急停功能不应削弱安全装置或与安全功能有关的装置的效能。急停装置被启动后应保持接合状态，在用手动重调之前应不可以恢复电路。

（5）急停装置的零部件及其装配应遵循可靠性原则，能承受预期的操作条件和耐环境影响。

（6）电动急停装置的设计应符合相应电气装置标准的规定。

（二）人们受到危险时的躲避和救援保护措施

设计机械应考虑一旦出现危险时，操作者如何躲避；当伤害事故发生时，如何进行救援和脱离等。如发生可采用以下保护措施。

（1）在可能使操作者陷入危险的设施中，应有逃生路线和屏障。

（2）紧急停机后，可用手动方式使某些零部件运动，或使某些零部件反向运动以脱离危险。

（三）保证机械的可维修性

维修是指为保持或恢复机械设备规定功能采取的技术措施，包括设备运行过程中的维护保养、设备状态监测与故障诊断以及故障检修、调整和最后的验收试验等，直至恢复正常运行的一系列工作。维修性是指对故障机械设备修复的难易程度，即在规定条件和规定时间内，完成某种产品维修任务的难易程度。维修的安全性是通过机械的可维修性和维修作业的安全设计来实现的。

1. 机器的可维修性

可维修性是指通过规定的程序或手段，对出现故障的机械实施维修，以保持或恢复其预定的功能状态。设备的故障会造成机械预定功能丧失，给工作带来损失，危险故障还会引发事故。通过零部件的标准化与互换性设计，采用故障识别诊断技术，使机械一旦出故障时能够易发现、易拆换、易检修、易安装，解除危险故障，恢复安全功能，消除安全隐患。

2. 维修作业的安全

在按规定程序或手段实施维修时，从易检易修的角度出发考虑设计机械结构形状、零部件的合理布局和安装空间，以保证维修人员的安全。设计机械时，应考虑以下可维修性因素。

（1）将调整、维修点设计在危险区外，减少操作者进入危险区的频次。

（2）在设计上考虑维修的可达性，包括安装场所可达、设备外部可达和设备内部可达，提供足够的检修作业空间，便于维修人员观察和检修，并以安全、稳定的姿态进行维修作业。

（3）在控制系统设置维修操作模式，在安全防护装置解锁或人为失效情况下，防止意外启动，保证维修安全。

（4）断开动力源和能量泄放措施，使机械与所有动力源断开，保证在断开点的"下游"不再有势能或动能，使机械达到"零能量状态"。

（5）随机提供专用检查、维修工具或装置，方便安全拆除和更换报废失效的零部件。

（四）安全进出机械的措施

机械设计应提供执行预定操作和日常调整、维修的人员安全进入机器的途径和作业场地。

（1）机械设计尽可能使高处作业地面化，避免高处作业的危险。

（2）应设计有机内平台、阶梯或其他设施，为执行相应任务提供安全通道。

（3）在工作条件下涉及的步行区应尽量用防滑材料铺设；在大型自动化设备和运输线中，应特别注意设计如安全进出的通道、跨越桥等。

（五）发现和纠正故障的诊断系统

故障诊断是指根据机械设备运行状态变化的信息，进行识别、预测和监视机械故障。大多数机械事故可以通过采取故障诊断等预先识别技术加以防范。为了避免或减少因不能及时发现和纠正潜在故障而引发的危险，在设计阶段应考虑有助于发现故障的诊断系统，以及时发现和纠正故障，改善机械的有效性和可维修性，减少维修工作人员面临的危险。

六、实现机械安全的综合措施和实施阶段

机械安全可以概括地分为机械的产品安全和机械的使用安全两个阶段。机械的产品安全阶段主要涉及设计、制造和安装3个环节。机械的使用安全阶段是指机械在执行其预定功能，以及围绕保证机械正常运行而进行的维修、保养等多个环节，这个阶段的机械安全主要由使用机械的用户来负责。机械设备安全应考虑其"寿命"的各个阶段，任何环节的安全隐患都可能导致安全事故的发生。机械安全是由设计阶段的安全措施和由用户补充的安全措施来实现的。当设计阶段的措施不足以避免或充分限制各种危险和风险时，用户可采取补充安全措施最大限度地减小遗留风险。不同阶段的机械安全措施如图 2-4 所示。

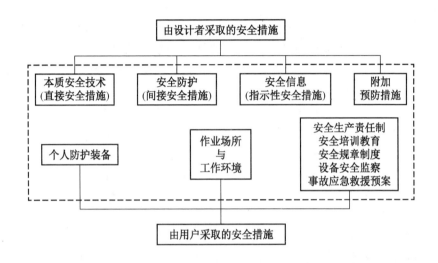

图 2-4　不同阶段的机械安全措施图

（一）由设计者采取的安全措施

机械的产品安全通过设计、制造和安装 3 个环节实现，设计是机械安全的源头，制造是实现产品质量的关键，安装是制造的延续，三者的结合是机械产品安全的重要保证。机械设计安全遵循以下两个基本途径：选用适当的设计结构，尽可能避免或减小风险；通过减少对操作者进入危险区的需要，限制人们面临的危险。决定机械产品安全性的关键是设计阶段采取安全措施。选择安全技术措施应根据安全措施等级按下列顺序进行。

（1）直接安全技术措施。也称为本质安全技术措施，是指机械本身应具有本质安全性能，是在机械的功能设计中采用的、不需要额外的安全防护装置，直接把安全问题解决的技术措施，是机械设计优先考虑的措施。选择最佳设计方案，并严格按照专业标准制造、检验；合理地采用机械化、自动化和计算机技术，最大限度地消除危险或限制风险；履行安全人机学原则来实现机械本身具有本质安全性能。

（2）间接安全技术措施。当直接安全技术措施不能或不完全能实现安全时，则必须在机械设备总体设计阶段，设计出一种或多种专门用来保证人员不受伤害的安全防护装置，最大限度地预防、控制事故或危害的发生。但要注意，当选用安全防护措施来避免某种风险时，警惕可能产生另一种风险；安全防护装置的设计、制造任务不应留给用户去承担。

（3）指示性（说明性）安全技术措施。在直接安全技术措施和间接安全技术措施对完全控制风险无效或不完全有效的情况下，通过使用文字、标志、信号、安全色、符号或图表等安全信息，向人们做出说明，提出警告，并将遗留风险通知用户。

（4）若间接、指示性安全技术措施仍然不能避免事故、危害发生，则应采用安全操作规程、安全培训和个体防护用品等措施来预防、减弱系统的危险、危害程度。

在产品设计中采取的安全技术措施对策如图 2－5 所示。

（二）由用户采取的安全措施

如果设计者采取的安全措施不能完全满足基本安全要求，这就必须由使用机械的用户采取安全技术和管理措施加以弥补。用户的责任是考虑采取最大限度减小遗留风险的安全技术措施。

1. 个人防护用品

个人防护用品是劳动者在机械的使用过程中保护人身安全与健康所必备的一种防御性装备，在意外事故发生时对避免伤害或减轻伤害程度起一定作用。

按防护部位不同，我国的个人劳动防护用品分为九大类：安全帽、呼吸护具、眼防护具、听力护具、防护鞋、防护手套、防护服、防坠落护具和护肤用品。使用时应注意，根据接触危险能量和有害物质的作业类别和可能出现的伤害，按规定正确选配；个人劳动防护用品的规格、质量和性能必须达到保护功能要求，并符合相应的技术指标。

必须明确个人防护用品不可取代安全防护装置，个人防护用品不具有避免或减少危险的功能，只是当危险来临时起一定的防御作用。必要时，可与安全防护装置配合使用。由于质量问题或配置不当，按规定该提供的而没能提供，不该提供的反而提供并造成伤害事故，将负相应的法律责任。

2. 作业场地与工作环境的安全性

作业场地是指利用机械进行作业活动的地点、周围区域及通道。

（1）功能分区。生产场所功能分区应明确，划分毛坯区，成品、半成品区，工位器具区及废物垃圾区；通道宽敞无阻，充分考虑人和物的合理流向和物料输送的需要，并考虑紧急情况下便于撤离。

（2）机械设备布局。机械设备之间、机械设备与固定建筑物之间应保持安

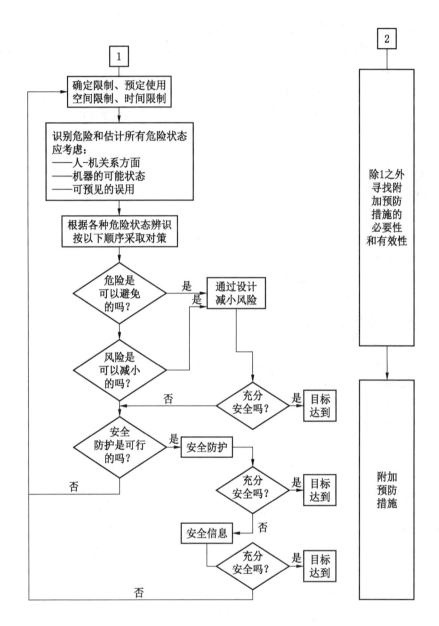

图2-5 产品设计选择安全措施对策图

全距离,避免机械装置之间危害因素的相互影响和干扰;有潜在危险设备,如振动噪声大、加热、爆炸敏感等设备,应采取分散、隔离或防护、减振、降噪等措施，并设置必要的提示和警告标志。

（3）物料、器具堆放。工、夹、量具按规定摆放，安全稳妥；加工场所存放的坯料、成品、半成品应限量，并堆放整齐、稳固、不超高，防止坍塌或滑落。

（4）地面。生产场所地面应平坦、无凹坑，避免凸出的管线等障碍；坑、壕、池应有可靠的防护栏杆或盖板；凸出悬挂物及机械可移动范围内应设防护装置或加醒目标志。

（5）满足卫生要求。保证足够的作业照度，符合作业环境的通风、温度、湿度要求，严格控制尘、毒、噪声、振动、辐射等危害不超过规定的卫生标准。

3. 安全管理措施

当通过各种技术措施仍然不能解决存在的遗留风险时，就需要采用安全管理措施来控制生产中对人员造成的危害。安全管理措施包括如下内容。

（1）落实安全生产组织和明确各级安全生产责任制，建立安全规章制度和健全安全操作规程。

（2）加强对员工的安全教育和培训，包括安全法治教育、风险知识教育和安全技能教育，以及特种作业人员的岗位培训（要求持证上岗）。

（3）对机械设备实施监管，特别是对安全有重要影响的重大、危险机械设备和关键机械设备及其零部件，必须进行全程安全监测，对其检查和报废实施有效的监管。

（4）制定事故应急救援预案等。

必须指出，由用户采取的安全措施对减小遗留风险是很重要的，但是这些措施与机械产品设计阶段的安全技术措施相比，可靠性相对较低，因此，不能用来代替应在设计阶段采取的用来消除危险、减小风险的措施。

机械系统是复杂系统，每一种安全技术管理措施都有其特定的适用范围，并受一定条件制约而具有局限性。实现机械安全靠单一措施难以奏效，需要从机械全寿命的各个阶段采取多种措施，考虑各种约束条件，综合分析、权衡、比较，选择可行的最佳对策，最终达到保障机械系统安全的目的。

小结

本章主要介绍了机械安全的基本概念、机械的组成规律和原理、使用环节，介绍了危险有害因素识别及机械事故原因分析、实现机械安全的途径与措施，使学员对机械安全有了初步的了解和认识。

思考与讨论

1. 实现机械安全的途径和措施有哪些?
2. 由机械产生的常见危险有哪些?

第三章 机械加工安全技术

第一节 金属切削加工安全技术

金属切削加工是通过刀具与工件间的相对运动，从毛坯上切除多余的金属，从而获得合格零件的一种机械加工方法。金属切削机床是用切削（车、钻、刨、铣、镗、磨、插、锯等）、特种加工（直接利用电能、化学能、声能、光能、热能等或其与机械能的组合等形式）等方法，将坯料或工件上多余的材料去除，以获得所要求的几何形状、尺寸精度和表面质量的加工机器。机床、夹具、刀具和工件，构成一个机械加工的工艺系统。

一、金属切削加工的分类和基本结构

金属切削机床进行切削加工时需要将被加工的工件和切削工具都固定在机床上，机床的动力源通过传动系统将动力和运动传给工件和刀具，使两者产生相对运动，在两者的相对运动过程中，切削工具将工件表面多余的材料切去，将工件加工成为达到设计要求的尺寸和精度的零件。切削的对象是金属，旋转速度快、切削工具（刀具）锋利是金属切削加工的主要特点。正是由于金属切削机床是高速精密机械，其加工精度和安全性不仅影响产品质量和加工效率，而且关系到操作人员的安全。

金属切削机床种类繁多，可根据需要从不同的角度对机床进行分类。

（一）按机床加工性质和所用刀具进行分类

根据《金属切削机床 型号编制方法》（GB/T 15375—2008）的规定，按照不同的工作原理，可将机床分为 11 类：车床、钻床、镗床、磨床、齿轮加工机床、螺纹加工机床、铣床、刨插床、拉床、锯床及其他机床，见表 3 - 1。

表 3 - 1 金属切削机床的分类和代号表

类别	车床	钻床	镗床	磨 床			齿轮加工机床	螺纹加工机床	铣床	刨插床	拉床	锯床	其他车床
代号	C	Z	T	M	2M	3M	Y	S	X	B	L	G	Q
读音	车	钻	镗	磨	2磨	3磨	牙	丝	铣	刨	拉	割	其

（二）按机床在使用中的通用程度分类

机床按其通用程度（应用范围）可分为以下几种。

（1）通用机床。又称万能机床、普通机床，这类机床可加工多种工件，完成多种零件的不同工序，使用范围较广，通用程度较高，但结构比较复杂。通用机床主要适用单件、小批量生产，如万能卧式车床、万能外圆磨床、万能升降台铣床、卧式镗床及摇臂钻床等。

（2）专用机床。这类机床的工艺范围最窄，只能用于加工某一零件的某一道特定工序，如制造主轴箱的专用镗床、制造车床床身导轨的专用龙门磨床等。组合机床也属于专用机床，它是以通用部件为基础，配以少量专用部件组合而成的一种特殊专用机床。由于这类机床是根据特定工艺要求专门设计、制造与使用的，因此生产率很高，结构简单，适于大批量生产。

（3）专门化机床。又称专能机床，这类机床的工艺范围较窄，专门用于加工某一类或几类零件的某一道（或几道）特定工序，生产率较高，适于成批生产。专门化机床的特点介于通用机床与专用机床之间，既有加工尺寸的通用性，又有加工工序的专用性，如曲轴磨床、花键轴铣床、精密丝杠车床、凸轮轴车床等。

（三）按机床加工精度分类

在同类型机床中，根据其加工精度、性能等，对照有关标准规定要求，机床可分为普通机床、精密机床和高精度机床。

（四）按机床质量（习惯称重量）分类

按机床质量与尺寸不同，可分为仪表机床、中型机床（一般机床）、大型机床（质量达 10 t 及以上）、重型机床（质量在 30 t 以上）和超重型机床（质量在 100 t 以上）。

（五）按机床主要工作部件的数目分类

按机床主要工作部件的数目不同，机床可分为单轴、多轴、单刀或多刀机床。

（六）按机床布置方式分类

按机床布置方式不同，机床可分为卧式、立式、台式、单臂、单柱、双柱、马鞍机床。

（七）按机床自动化程度分类

按机床自动化程度的不同，机床可分为手动、机动、半自动和自动机床。

（八）按机床的自动控制方式分类

按机床的自动控制方式，机床又可分为仿形机床、数字控制机床（简称数控机床）。随着机床工业的不断发展，其分类方法也将不断发展。

切削机床的种类繁多，在结构上也存在较大差异，但其基本结构一样，主要包括机座、传动结构、动力源及润滑和冷却系统。

（1）机座（床身或机架）。机座上装有支承和传动的部件，将被加工的工件和刀具固定夹牢并带动它们做相对运动，这些部件主要有工作主轴、拖板、工作台、刀架等，由导轨、滑动轴承、滚动轴承等导向。

（2）传动机构。传动机构将机床动力源的运动和动力传给各运动执行机构，或将运动由一个执行机构传递到另一个执行机构，以保持两个运动执行机构之间的准确传动关系。传动部件有丝杠螺母、齿轮齿条、曲轴连杆机构、液压传动机构、齿轮及链传动机构、带传动机构等。为了改变工件和刀具的运动速度，机床上都设置有级或无级变速机构，一般是齿轮变速箱。

（3）动力源。一般是电动机及其操纵器为机床执行机构的运动提供动力。

（4）润滑及冷却系统。

二、金属切削加工危险有害因素识别

在进行金属切削机床操作过程中，操作人员与机床形成了一个运动体系。当这个体系处于协调状态时，几乎没有发生事故的可能性。当这一体系的某一方面超出正常范围时，就会发生意想不到的冲突而造成事故。

机床危险部位（或危险区）是指机床在静止或运转时，可能使人员受伤或危害健康及设备损坏的区域，主要包括加工区域和工作区域。加工区域专指机床上刀具切削工件的区域；工作区域包括所有可能出现工作过程的工作区域，如机床运动部件所涉及的位置，上下料所需的位置，以及操作、调整和维护机床所需的位置等。人员既包括机床操作者，也包括安装、调整、维护、清理、修理或运输的所有可能的其他人员。在危险分析时，需要对操作者和其他人员在机床使用的正常作业进行分析，还应对可预见的误用产生的危险特别加以注意。

（一）机械危险

机床存在的机械危险大量表现为人员与可运动件的接触伤害，接触是导致金属切削机床发生事故的主要危险。伤害起因和伤害形式如下。

1. 卷绕和绞缠

旋转运动的机械部件将人的长发、饰物（如项链）、手套、肥大衣袖或下摆绞缠进回转件，继而引起对人的伤害。常见的危险部位如下。

（1）做回转运动的机械部件，如轴类零件，包括联轴节、主轴、丝杠、链轮、刀座和旋转排屑装置等。

（2）回转件上的突出形状，如安装在轴上的突出键、螺栓或销钉、手轮的手柄等。

（3）旋转运动机械部件的开口部分，如链轮、齿轮、皮带轮等圆轮形零件的轮辐、旋转凸轮的中空部位等。

2. 挤压、剪切和冲击

引起这类伤害的是作往复直线运动或往复转角运动的零部件，其运动形式有横向水平的，如大型机床的移动工作台、牛头刨床的滑枕、运转中的带链等，也有垂直的，如剪切机的压料装置和刀片、压力机的滑块、大型机床的升降台等，或是针摆式，如牛头刨滑枕的驱动摆杆等。危险运动状态有下面几种。

（1）接近型的挤压危险。两部件相对运动、运动部件相对静止部位运动，运动结果是两个物件相对距离越来越近，甚至完全闭合。如工作台、滑鞍（或滑板）与墙或其他物体之间，刀具与刀座之间，刀具与夹紧机构或机械手之间，以及由于操作者意料不到的运动或观察加工时产生的挤压危险。

（2）通过型的剪切危险。相对错动或擦肩而过，如工作台与滑鞍之间，滑鞍与床身之间，主轴箱与立柱（或滑板）之间，刀具与刀座之间的剪切危险。

（3）冲击危险。工作台、滑座、立柱等部件快速移动、主轴箱快速下降、机械手移动引起的冲击危险。

3. 引入或卷入、碾轧的危险

危险产生于相互配合的运动副或接触面。

（1）啮合的夹紧点。如蜗轮与蜗杆、啮合的齿轮之间、齿轮与齿条、皮带与皮带轮、链与链轮进入啮合部位。

（2）回转夹紧区。如两个做相对回转运动的辊子之间的部位。

（3）接触的滚动面。如轮子与轨道、车轮与路面等。

4. 飞出物打击的危险

由于动能或弹性位能的意外释放，使失控物件飞甩或反弹造成的伤害。危险产生原因和部位如下。

（1）失控的动能。机床零件或被加工材料/工件、运动的机床零件或工件掉下或甩出；切屑（最易伤人是带状屑、崩碎屑）飞溅引起的烫伤、划伤，以及砂轮的磨料和细切屑使眼睛受伤。

（2）弹性元件的位能。如弹簧、皮带等的断裂引起的弹射。

（3）液体或气体位能。机床冷却系统、液压系统、气动系统由于泄漏或元件失效引起流体喷射，负压和真空导致吸入的危险。

5. 物体坠落打击的危险

处于高位置的物体具有势能，当它们意外坠落时，势能转化为动能，造成伤害。危险产生部位如下。

（1）如高处坠掉的零件、工具或其他物体。

（2）悬挂物体的吊挂零件破坏或夹具夹持不牢引起物体坠落。

（3）由于质量分布不均、外形布局不合适、重心不稳，或有外力作用，丧失稳定性，发生倾翻、滚落。

（4）运动部件运行超行程脱轨等。

6. 形状或表面特征的危险

无论施害物是处于运动还是静止状态，都会构成潜在的危险。

（1）锋利物件的切割、戳、刺、扎危险。如刀具的锋刃，零件的毛刺、工件或废屑的锋利飞边；机械设备尖棱、利角、锐边等。

（2）粗糙表面的擦伤。如砂轮表面、粗糙的毛坯表面等。

（3）碰撞、剐蹭和冲击危险。如机床结构上的凸出、悬突或悬挂式部位，支腿、吊杆、手柄等；长、大加工件伸出机床的部分等。如果是运动状态，还可能造成冲击的危险。

7. 滑倒、绊倒和跌落危险

如果由此跌落引起二次伤害，后果可能更严重。

（1）磕绊跌伤。由于地面堆物无序、管线（电线和电缆导管、油管、气管和冷却管）布置无序、无遮盖保护形成障碍，或地面凹凸不平、坑沟槽等导致。

（2）打滑跌倒。机床的冷却液、切削液、油液和润滑剂溅出或渗漏造成地面湿滑，或由于地面过于光滑、冰雪等导致接触面摩擦力过小。

（3）人员在高处操作、维护、调整机床时，从工作位置跌落，或误踏入坑井坠落等。

（二）电气危险

由于电气设备绝缘不良、带电体的屏护保护不当、电气设备接地不良可能导致触电。

（1）触电的危险（直接或间接触电）。带电体无保护或保护不当、电气设备绝缘不当或绝缘失效、电气设备未按规定采取接地措施。

（2）电气设备的保护措施不当。电气设备无短路保护或保护不当，电动机无过载保护或过载保护不当，电动机超速引起的危险，电压过低、电压过高或电源中断引起的危险等。

（3）电气设备引起的燃烧、爆炸危险。

（三）热危险

（1）由于接触高温加工件、高温金属切屑以及热加工设备的热源辐射引起的烧伤和烫伤危险；接触液压系统发热的元件或油液引起的烫伤危险。

（2）由过热或过冷对健康造成的伤害。如接触或靠近极高或极低温状态下的机械零件或材料，造成对人的伤害。

（3）作业环境过热或过冷对健康造成的危害。

（四）噪声危险

由于作业场所的噪声不符合规定而对人听力造成损伤和其他生理紊乱；对语言交流和声讯信号造成干涉。机床的噪声超标会导致人耳鸣、听力下降或疲劳和精神压抑等疾病。

（五）振动危险

切削过程中，刀具与工件之间经常会产生自由振动、强迫振动或自激振动（颤振）等类型的机械振动。振动会影响加工表面质量，降低机床和刀具的寿命，并引起噪声，导致各种精神疾病等。

（六）辐射危险

（1）电弧、激光辐射造成视力下降、皮肤损伤。

（2）电火花、电子束、离子束特种加工产生较强 X 射线等离子化辐射源。

（3）电磁干扰使电气设备无法正常运行或产生误动作，电磁辐射损害人身健康的危险。

（七）物质和材料产生的危险

（1）接触或吸入有害液体、气体、烟雾、油雾和粉尘等。

（2）现场的发火因素，如干式磨削产生的火花，冷却液、油液或加工易燃材料引起的火灾危险；抛光金属（如镁、铝合金）零件产生具有爆炸性粉尘的危险。

（3）生物和微生物，冷却液、油液发霉和变质的危险。

（八）设计时忽视人机工效学产生的危险

（1）作业频率和强度不当，造成操作者精神紧张、心理负担过重及疲劳。

（2）作业位置（工作台、座椅）和操纵装置（手轮、手柄、按钮站）不适，导致不利健康的姿势或操作力过大。

（3）忽视人员防护装备的使用，未使用人员防护装备或防护装备使用不当。

（4）不符合要求的作业照明，如照度不够，阴影、眩光、频闪等。

（5）符号标识不清、操作方向不一致引起的误操作危险。

（九）故障、能量供应中断、机械零件破损及其他功能紊乱造成的危险

（1）机床或控制系统能量供应中断。动力中断或波动造成机床误动；动力中断后重新接通时，机床自行再启动引起的危险。

（2）动力中断、连接松动、元件破损。刀具、工件、机床零件意外甩出，压力气体或液体的意外喷出的危险。

（3）控制系统的故障或失灵、选择和安装不符合设计规定。引起机床意外启动或误动作、速度变化失控和运动不能停止；机床主轴过载和进给机构超负荷工作；控制件功能不可靠引起的危险。

（4）数控系统由于记忆失灵和保护不当及与各种外部装置间的接口连接使用不当引起的危险。

（5）装配错误。机床部件装配错误和导管、电缆、电线或液压、气动管件等连接错误引起的危险。

（6）机床稳定性意外丧失。机床及其附件产生翻倒、落下或异常移动；配重系统中元件断裂引起倾覆的危险。

（十）安全措施错误、安全装置缺陷或定位不当

（1）防护装置性能不可靠，存在漏保护区，使人员有可能在机床运转过程中进入危险区产生的危险。

（2）保护装置（互锁装置、限位装置、压敏防护装置）性能不可靠或失灵引起的危险。

（3）信息和报警装置（能量供应切断装置和机床危险部位）未提供必要安全信息（安全色和安全标志）或信息损污不清，报警装置未设或失灵。

（4）急停装置性能不可靠，安装位置不合适。

（5）安全调整和维修用的主要设备和附件未提供或提供不全。

（6）气动排气装置安装、使用不当，气流将切屑和灰尘吹向操作者。

（7）进入机床（操作、调整、维修等）措施没有提供或措施不到位。

（8）机床液压系统、气动系统、润滑系统、冷却系统压力过大、压力损失、泄漏或喷射等引起的危险。

三、金属切削机床的安全技术与防护

金属切削机床的安全是指机床在说明书规定的使用条件下（或给定期限内），执行其功能和在运输、安装、调整、维修、拆卸和处理时不对人员产生损伤或危害健康及设备损坏的情况。在进行危险识别时，应该从整体出发，考虑机器的不同状态、同一危险的不同表现方式，不同危险因素之间的联系和作用，以及显现或潜在的不同形态等。

针对危险和有害因素，一般采取技术措施、管理措施、个体防护相结合的方法进行消除或控制。

（一）技术措施

应通过设计尽可能排除或减少所有潜在的危险因素。通过设计不能避免或充分限制的危险，应采取必要的安全防护装置（防护装置、安全装置）。对无法通过设计排除或减少的危险因素，且安全防护装置对其无效或不完全有效的剩余危险应用信息通知和警告操作者。

1. 防止机械危险安全措施

1）机床结构安全措施

（1）稳定性。机床的外形布局应确保具有足够的稳定性，不应存在按规定使用机床时意外翻倒、跌落或移动的危险。

（2）机床外形。可接触的外露部分不应有可能导致人员伤害的锐边、尖角和开口；机床的各种管线布置排列合理、无障碍，防止产生绊倒等危险；机床的突出、移动、分离部分应采取安全措施，防止产生磕伤、碰伤、划伤、剐伤的危险。

2）运动部件安全措施

（1）有可能造成缠绕、吸入或卷入等危险的运动部件和传动装置（如链传动、齿轮齿条传动、带传动、蜗轮传动、轴、丝杠、排屑装置等）应予以封闭、设置防护装置或使用信息提示。通常传动装置采用隔离式防护装置，如齿轮、链传动采用封闭式防护罩，带传动采用金属骨架的防护网，保护区域较大的范围采用防护栅栏。需要人员近距离作业的操作区，刀具和运动部件的防护，应针对性采用符合要求的保护装置。

（2）凡在作业上方有物料传输装置、带传动装置以及上方可能有坠落物件的下方，应设置防护廊、防护棚、防护网等防护。

（3）运动部件与运动部件之间、运动部件与静止部件（包括墙体等构筑物）之间，不应存在挤压危险和剪切危险，否则应限定避免人体各部位挤压的最小间距（表3-2）或按有关规定采用防止挤压、剪切的保护装置。

表3-2 防止挤压的身体部位最小间距表

身体部位	最小间距/mm	身体部位	最小间距/mm	身体部位	最小间距/mm
身体	500	臂	120	腿	250
头部	300	手指	25	脚趾	50

注：根据《机械安全 避免人体各部位挤压的最小间距》（GB/T 12265—2021）整理。

（4）运动部件在有限滑轨运行或有行程距离要求的，应设置可靠的限位装置。

（5）对于有惯性冲击的机动往复运动部件，应设置缓冲装置。

（6）对于可能超负荷（压力、起升量、温度等）发生部件损坏而造成伤害的，应设置超负荷保护装置，并在机床上或说明书中标明极限使用条件。

（7）运动中可能松脱的零部件必须采取有效措施加以紧固，防止由于启动、制动、冲击、振动而引起松动、脱离、甩出。

（8）对于单向转动的部件应在明显位置标出转动方向，防止反向转动导致危险。

（9）运动部件不允许同时运动时，其控制机构应联锁，不能实现联锁的，应在控制机构附近设置警告标志，并在说明书中加以说明。

3）夹持装置安全措施

（1）夹持装置应确保不会使工件、刀具坠落或甩出，尤其是当紧急停止或动力系统故障时，必要时限定其最高安全速度或转速。

（2）机动夹持装置夹紧过程的结束应与机床运转的开始相联锁；夹持装置的放松应与机床运转的结束相联锁。机床运转时，工件夹紧装置不应动作；未达到预期安全预紧力时，工件驱动装置不应动作；工件夹紧力低于安全值或超过允许值时，工件驱动装置应自动停止，并保持足够的夹紧力，使其可靠地停下来。

（3）手动夹持装置应采取安全措施，防止意外危险（如钥匙或扳手等手用工具遗留在夹持装置上随机床运转）坠落或甩出，防止产生挤压手指等危险。

4）平衡装置安全措施

（1）与机床部件及其运动有关的配重，如果构成危险，应采取安全防护措施，如将其置于机床体内或置于固定式防护装置内等，并防止配重系统元件断裂而造成的危险。

（2）采用动力平衡装置，应防止动力系统发生故障时机床部件坠落而造成的危险。

（3）移动式平衡装置（如配重），应在其移动范围内采取防护措施，防止移动造成的碰撞、夹挤。

5）排屑防喷溅措施

（1）采取断屑措施（控制刀具角度、断屑槽）防止产生长带状屑，设防护挡板防止磨屑、切屑崩飞；大量产生切屑的机床应设机械排屑装置，排屑装置不应构成危险，必要时可与防护装置的打开和机床运转的停止联锁。

（2）机床输送高压流体的冷却系统、液压系统、气动系统及润滑系统，应设有防止超压的安全阀或调整压力变化的溢流阀，能承受正常操作时的内压和外压，系统的渗漏不应引起喷射危险；蓄能器应能自动卸压或安全闭锁（特殊情况，断开时还需压力除外）。断开时若蓄能器仍需保持压力，应在蓄能器上示出安全信息；尽可能容纳和有效回收冷却液、切削液、油液和润滑剂，避免其流失到机床周围的地面；设置附加的防护挡板，防止溅出造成的危险。

6）工作平台、通道、开口防止滑倒、绊倒和跌落的措施

不能在地面操作的机床，则应配置供站立的平台和通道。其设计、制造、定位和必要的保护，使操作者进入工作平台和进行操作、设置、监视、维修或与机器相关的其他工作时是安全的。

（1）当可能坠落的高度超过 500 mm 时，应安装防坠落护栏、安全护笼及防护板等。

（2）一般情况下，工作平台和通道上的最小净高度应为 2100 mm，通道的最小净宽度应为 600 mm，最佳为 800 mm。当经常通过或有多人同时交叉通过的通道宽度应为 1000 mm。如果通道用作撤离线路，其宽度应满足特定法规的要求。平台和通道应防滑和防跌落，并尽量不应使操作者接近机床的危险区。

（3）为了避免绊倒危险，相邻地板构件之间的最大高度差应不超过 4 mm，工作平台或通道地板的最大开口应使直径 35 mm 的球不能穿过该开口。对下面有人工作的非临时通道，其地板最大开口不应让直径 20 mm 的球体穿过，否则应采用其他适当设施保证安全。

（4）机床的电线和电缆导管、油管、气管和冷却管的排列和布置应不会引起绊倒危险。

2. 控制系统安全措施

（1）应确保控制系统功能安全可靠，能经受预期的工作负荷、外来影响和逻辑的错误（不包括操作程序）。即使在控制系统出现故障时，也不应导致危险产生（如意外启动、速度失控、运动无法停止、安全装置失效等）。

（2）控制装置应设置在危险区以外（紧急停止装置、移动控制装置等除外），清晰可见，与其他装置明显区分，设置必要的标志表示其功能和用途；在操作位置不能观察到全部工作区的机床，应设置视觉或听觉警告信号装置或警告信息，使工作区内人员及时撤离或迅速制动。

（3）启动和停止。机床只应在人有意控制下才能启动，包括停止后重新启动、操作状况（如速度、压力）有重大变化和防护装置尚未闭合时；停止装置应位于每个启动装置附近。按下停止装置，执行机构的能量供应切断，机床运动完全停止。

（4）控制模式选择。机床有一种以上工作或操作方式时，应设置模式选择

控制装置，每个被选定的模式只允许对应一种操作或控制模式。在特别的安全措施（如减速、减功率或其他措施）下，机床的危险运动部件才允许运转。

（5）紧急停止装置。机床应设置一个或数个紧急停止装置，保证瞬时动作时，能终止机床一切运动或返回设计规定的位置；紧急停止装置的布置应保证操作人员易于触及且操作无危险；形状应明显区别于一般开关，易识别，易于接近；该装置复位时不应使机床启动，必须按启动顺序重新启动才能重新运转。

（6）数控系统。应防止非故意的程序损失和电磁故障；当信息中断或损坏，程序控制系统不应再发出下一步指令，但仍可完成在故障前预先选定的工序；当错误信息输入时，工作循环不能进行；有关安全性的软件不允许用户改变。

3. 电气系统安全措施

（1）按照规定要求，加强电气设备带电体、绝缘、保护接地和电磁兼容的防护。

（2）过电流的保护、电动机的过载和超速保护、电压波动和电源中断的保护、接地故障（或剩余电流）保护等各种电气保护应符合有关规定。

（3）电气设备应防止或限制静电放电，必要时可设置放电装置。

4. 物质和材料安全措施

（1）主要通过消除或最大程度减小危险的设计（工程）措施来实现。优先采用无毒和低毒的材料或物质，构成机器的材料应是不可燃、不易燃或已降低可燃性（如阻燃材料）的材料。若使用危险和有害作用的生产物料时，应采取相应的防护措施，并制定使用、处理、储存、运输的安全卫生操作规程。

（2）总体设计应采取有效措施消除或最大程度减少有害物质排放，最大限度减少人员暴露于有害物质中。对工作时难以避免的生产性毒物、有害气体或烟雾、油雾，应加强监测，采取有效的通风、净化和个体防护措施，控制油雾浓度最大值不超过 5 mg/m³；工作时产生大量粉尘的机床，应采取有效的防护、除尘、净化等措施和监测装置，使机床附近的粉尘浓度最大值不超过 10 mg/m³；机床的油箱、冷却箱等宜加盖并便于清理，定期更换冷却液和油液，以防止外来生物和微生物进入；对剩余风险用信息告知；对毒物泄漏可能造成重大事故的设备，应有应急防护措施。

（3）火灾和爆炸。消除或最大程度减小机器自身或物质的过热风险，限制现场可燃、助燃物的量，控制爆炸性气体、粉尘的浓度，防止气体、液体、粉尘等物质产生火灾和爆炸危险。有可燃性气体和粉尘的作业场所，应采取避免产生火花的措施，良好的通风系统（通风空气不应循环使用），综合考虑防火防爆措施和报警系统，合理选择和配备消防设施。

（二）管理措施

管理措施包括制定安全生产规章制度和安全操作规程、开展安全生产教育培训、进行经常性的安全生产检查等。

1. 制定安全生产规章制度和安全操作规程

（1）制定安全生产规章制度。依据国家有关法律法规、国家标准和行业标准，结合各单位的生产条件、作业危险程度及具体工作内容，以各单位名义颁发的有关安全生产的规范性文件。在长期的生产经营活动过程中积累的大量风险辨识、评价、控制技术以及生产安全事故教训的积累等，只有形成生产经营单位的规章制度才能保障从业人员安全与健康。

（2）制定安全操作规程。根据现行国家标准、行业标准和规范、金属切削机床的使用说明书、设计和制造资料、生产安全事故教训、作业环境条件、安全生产责任制等制定安全操作规程。安全操作规程应包含的内容：操作前的准备、劳动防护用品穿戴要求、操作的先后顺序和方式、设备状态、人员所处位置和姿势、作业中禁止的行为、特殊要求、异常情况的处理等。

2. 开展安全生产教育培训

加强从业人员的安全生产教育培训，提高生产经营单位从业人员对作业风险的辨识、控制、应急处置和避险自救能力，提高从业人员安全意识和综合素质，是防止发生不安全行为、减少人为失误的重要途径。作业人员经过安全生产教育培训并考核合格后才能上岗。

3. 进行经常性的安全生产检查

安全生产检查是指对生产过程及安全管理中可能存在的隐患、危险与有害因素、缺陷等进行查证，以确定隐患或危险与有害因素、缺陷的存在状态，以及消除或限制它们的技术措施和管理措施有效性，确保生产的安全。安全生产检查一般检查作业人员、仪器设备、管理、作业环境等方面。

其中，作业环境包括生产厂房、作业现场的地面、机床布局、照明、温度、噪声、振动以及通风等条件。作业环境中照明适宜、温度适中、噪声和振动小、机床布局合理、卫生条件好，就会使操作人员心情舒畅、不易疲劳、能集中精力进行操作，易于实现安全生产。如果作业环境中照度不够或过强、温度过高或过低、噪声和振动过大、机床布局不合理、过分拥挤、工具和工件堆放杂乱无章、通道狭窄、地面不平、卫生条件很差，就会使操作人员感到烦躁、易于疲劳、注意力分散，可能导致判断或操作错误而发生事故。

机械行业标准《金属切削加工安全要求》（JB 7741—1995）对金属切削加工

车间的地面、通风、照明、机床布置间距以及车间通道等均提出了具体安全要求。此外，《机械工业职业安全卫生设计规范》（JBJ 18—2000）、《安全生产环境标识规范》（QJB 255）、《二院安全生产环境布置规范》（Q/WE 1161）也对金属切削车间的布置和通道提出了相关要求。

1）厂房建筑要求

（1）进行切削加工的厂房应符合国家标准《机械工业厂房建筑设计规范》（GB 50681—2011）和指导性国家标准《工业企业设计卫生标准》（GBZ 1—2010）等标准和规范的要求，具有良好的通风及采光条件，人工照明应符合相关规定。

（2）所有厂房均应配备灭火工具。

（3）镁合金的切削加工应在专门隔离的场所内进行，该场所应装设有报警及自动灭火装置。

2）地面要求

（1）地面应平整、清洁，无障碍物。地面被工件砸坏后应及时修补，地面上不得有临时电线、水管、压缩空气管线。

（2）地面应防滑，通常用花纹钢板或多孔铸铁板制成地沟盖。

（3）工作时应防止切削液或润滑油洒在地面上。

（4）排水沟应设计合理，以便冲洗地面时排水。

（5）不得将边角料、螺钉、圆钢料头扔在地上，机床旁边应有废料桶（箱）。

（6）因生产需要，需在车间内设置地坑时，必须加设盖板、护栏或工作平台。防护栏杆和工作平台高度应符合国家标准的规定。

3）通风要求

（1）切削加工车间或工段必须通风良好，以排除加工过程中所产生的油雾、粉尘等有害物质。切削加工车间空气中所含粉尘和有害物质浓度应符合指导性国家标准《工业企业设计卫生标准》（GBZ 1—2010）的规定。

（2）磨床、砂轮机、抛光机及经常粗加工铸铁件的机床等产生粉尘较多的设备附近应设置除尘装置，以随时排除加工所产生的粉尘和其他有害物质。机床附近的油雾浓度最大值不得超过 5 mg/m³，粉尘浓度最大值不得超过 10 mg/m³。

（3）切削加工车间的通风和防暑降温条件应符合指导性国家标准《工业企业设计卫生标准》（GBZ 1—2010）等有关规定。

4）照明要求

（1）车间应尽量利用天然照明，采光设计和照明设计应符合国家标准《建筑采光设计标准》（GB 50033—2013） 和《建筑照明设计标准》（GB 50034—2024） 的规定。

（2）玻璃、窗孔及采光天窗每年至少清洗 1 次。灯泡和照明器具每年应至少清洗 4 次。

（3）切削加工车间或工段的光线必须充足，作业面上的照度值应符合国家标准《建筑照明设计标准》（GB 50034—2024） 中的有关规定。

（4）人工照明光线不宜产生频闪或耀眼。

5）噪声要求

切削加工车间的噪声不应高于 90 dB（A）。对噪声超过国家标准规定的机床，应采取降噪措施。

6）机床布局要求

机械加工车间一般有许多机床，在布置时应考虑便于工作和确保操作安全。

（1）机床布置方式应保证不使零件或切屑甩出伤人，包括伤害操作人员本人和附近的其他操作人员。将机床斜向布置而不是平行布置，有利于防止发生上述事故。机床的两种布置方式见表 3 – 3。

表 3 – 3　机床的布置方式比较表

布 置 方 式	比较	说　　明
	危险	后面车床卡盘直对前面车床的工作位置，容易伤人
	安全	车床卡盘躲开了前面车床的工作位置

（2）机床位置应有利于采光，操作人员应背向日光，以免操作人员受日光直射而产生目眩。机床的朝向比较如图 3 – 1 所示。机床应配备小于 36 V 安全电压的局部照明。

（3）为保证人员安全操作、行走、搬运材料和工件，机床之间、机床与墙、机床与柱之间应有适当的距离。具体安全距离见附录 2。

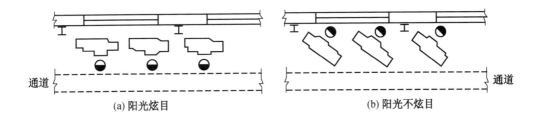

图 3 - 1　机床的朝向比较图

（4）为方便布置工件柜及存放材料、毛坯、半成品和成品的架子，机床周围应有足够的工作空间。

（5）对于坐姿工作，机床工作区应有座椅的位置。

（6）机床附近工作区的地板，应有木格板，其宽度离机床突出部分不小于600 mm。机床之间、机床与墙和柱之间的距离，由机床尺寸和机床工作条件来确定。

7）车间通道要求

（1）车间通道一般分为纵向主要通道、横向主要通道和机床之间的次要通道。主要通道尺寸根据运输方式设置，车间横向主要通道的宽度应不小于2000 mm，机床之间次要通道的宽度一般应不小于 1000 mm。

（2）车间通道两侧应划出 100 mm 宽的白色或黄色通道标志线。

（3）主要通道两边堆码的物品高度应不超过 1200 mm，且高与底面宽度之比应不大于 3，堆垛间距应不小于 500 mm。

（4）所有通道均应做到畅通无阻。

（三）个体防护措施

当采取技术措施或管理措施不能完全消除危险因素对人体的危害时，只能通过加强个体防护措施实现安全。个体防护装备（劳动防护用品）是指从业人员为防御物理、化学、生物等外界因素伤害所穿戴、配备和使用的护品总称。个体防护措施要满足以下要求。

（1）工作强度、运动幅度、可见性、姿势等应与人的能力和极限相适应；工作位置应适合操作者的身体尺寸、工作性质及姿势；防止操作时出现干扰、紧张、生理或心理危险；对于操作机床会造成伤害的，应提示用户采用个人防护装置。

（2）友好的人机界面设计。人机交流集中体现在操纵器和显示装置的设计、性能和形式选择、数量和空间布局等，应符合信息特征和人的感觉器官的感知特性，保证迅速、通畅、准确地接收信息；显示器的视距应至少为 0.3 m，安装高度距地面或操作站台应为 1.3～2 m。对安全性有重大影响的危险信号和报警装置，应配置在机床设备相应的易发生故障或危险性较大的部位，优先采用声、光组合信号。操纵装置的形状、尺寸和触感等表面特征的设计和配置应与人体操作的运动器官的运动特性相适应，与操作任务要求相适应。其行程和操作力应根据控制任务、生物力学及人体测量参数确定，操纵力不应过大使劳动强度增加；行程应不超过人的最佳用力范围，避免操作幅度过大引起疲劳。根据《金属切削机床　安全防护通用技术条件》（GB 15760—2004），手轮、手柄操纵力和安装高度应符合表 3－4 的规定。

表 3－4　手轮、手柄的操纵力和安装高度

项　　目	操　　纵　　力				安装高度
机床质量	≤2 t	>2～5 t	>5～10 t	>10 t	
经常使用	≤40 N	≤60 N	≤80 N	≤120 N	0.5～1.7 m
不经常使用	≤60 N	≤100 N	≤120 N	≤160 N	0.3～1.9 m
仅调整时使用	—	—	—	—	≤2 m

（3）高频、微波、激光、紫外线、红外线等非电离辐射作业，除合理选择作业点、减少辐射源的辐射外，应按危害因素的不同性质，采取屏蔽辐射源、加强个体防护等相应防护措施，应穿戴相应的防护服等个体防护装备；使用激光的作业环境，禁止使用镜面反射的材料，光通路应设置密封式防护罩。如手工清除废屑，应提供适宜的手用工具，严禁手抠嘴吹。

（4）对于存在电离辐射的放射源库、放射性物料及废料堆放处理场所，应有安全防护措施，外照射防护的基本方法是时间、距离、屏蔽防护，并应设有明显的标志、警示牌和划出禁区范围。

四、金属切削加工常见事故分析、典型案例及应急措施

（一）事故分析

金属切削加工作业中可能发生的主要事故类型为机械伤害、物体打击、灼烫伤害、触电、火灾等。

1. 常见事故原因

常见的机械伤害有刺割伤、绞伤等。其中刺割伤常见于操作人员使用较锋利

的工具刃口时，绞伤常见于机床旋转的皮带、齿轮和正在工作的转轴处。

物体打击常见于车间的高空落物，工件或砂轮高速旋转时沿切线方向飞出的碎片，往复运动的冲床、剪床等，可导致人员受到打击伤害。

灼烫伤害常见于切削加工产生的碎屑崩溅到人体暴露部位导致人员烫伤。

2. 人的不安全行为

（1）未穿紧身防护服，袖口敞开。

（2）留有长发，且未将长发塞入防护帽内。

（3）操作时佩戴手套，高速运转的部件绞缠手套而把手带入机械，造成伤害。

（4）工件、刀具等未夹紧。

（5）对切削下来的带状或螺旋状的切削，未用钩子及时清除，直接用手拉清除。

（6）将工具、夹具或工件放在车床身上或主轴变速箱上等。

（二）典型事故案例

1. 案例一

事故经过：某厂机修车间车工王某某（男，26 岁，二级工）在加工丝杠时，工件被钢屑绞住，随即在未停车的情况下调整跟刀架。因工作服袖口没扣好，袖口被旋转的工件及钢屑绞住，秋衣、毛衣和工作服等也随之绞进。王某某全力挣扎，终将右手挣脱，仅皮肤擦伤。

事故原因：操作者王某某违反了"应停车调整跟刀架"的安全操作规定。未严格执行正确穿戴个人防护用品的规定，袖口没有扣紧。车屑时，没有采用断屑和分屑刀具。

事故教训：要穿"三紧"式工作服，即指袖口紧、领口紧、下摆紧。要加强对职工的安全教育，提高遵章守纪的自觉性和认真负责的工作作风。

2. 案例二

事故经过：14 时 30 分左右，某车间车铣钻操作员汤某操作 3 号铣床对一翅片模工件（长约 1.2 m，重约 5 kg）进行铣削作业。作业完毕后，汤某关闭铣床电源，约 6 s 后双手戴上帆布手套握住工件两端准备取下工件。在取下工件过程中左手背部接触到了还未停止转动的刀具上，刀头绞入手套，造成操作员汤某左手手背、小指轻微挫伤。

事故原因：在刀具未停止转动时佩戴手套取加工件，取工件前未按下机床刹车是本次事故的主要原因；加工工件较长（约 1.2 m），固定工件时不平衡，取工件时把握不稳；管理方面，虽然有作业标准规定，但是现场监督管理不到位；

作业人员安全意识薄弱，违反安全规程作业。

事故教训：刀具未停止转动的情况下取工件是典型的违章作业行为，如急需靠近应按下机床刹车；铣床钻头未停止转动前禁止戴手套靠近；作业前充分辨识环境中的危险源，做好必要的安全防护措施。

（三）应急处置措施

发现机械伤害事故时，首先要尽快查看伤员伤势，在伤势不明的情况下，不可随便移动伤员，等专业救护人员到来后再根据伤员的具体症状进行施救。

（1）第一发现人立即大声发出"设备急停"口令，操作工按下设备急停开关。

（2）现场处置小组检查受伤人员情况，如有外伤，现场处置小组成员使伤者脱离危险区域，并将伤者转移至安全区，采取扎绷带等止血措施；若伤情严重，事故第一发现人应立即拨打120急救电话或送就近医院救治，并进行简单的处理：

① 如有断肢情况，及时用干净毛巾、手绢、布片包好，放在无裂纹的塑料袋或胶皮袋内，袋口扎紧，不得在断肢处涂抹酒精、碘酒及其他消毒液。

② 若肢体骨折，尽量使伤者平躺于地面，以免骨折部位受到挤压，避免不正确的抬运，若发生呼吸困难者，要解开腰带、衣扣，采用人工呼吸等方法进行抢救。

③ 如有肢体卷入设备内，立即切断电源；如果肢体仍被卡在设备内，不可用倒转设备的方法取出肢体，应拆除设备部件，可拨打119报警。

（3）班组长立即通知车间现场处置小组，报告事故现场情况，同时安排现场其他人员维护现场秩序、保护事故现场。

（4）当核实所有人员获救后，将受伤人员的位置进行标记或拍照，禁止无关人员进入事故现场，等待事故调查人员进行调查处理。

第二节　磨削机械加工安全技术

磨削加工是借助磨具的切削作用，除去工件表面的多余层，使工件表面质量达到预定要求的加工方法。磨削加工应用范围很广，通常作为零件（特别是淬硬零件）的精加工工序，可以获得很高的加工精度和表面质量，也可用于粗加工、切割加工等。

一、磨削加工机械的分类和特点

（一）磨削加工机械的分类

进行磨削加工的机床称为磨床。磨床是用磨料磨具（如砂轮、砂带、油石、研磨料）对工件表面进行磨削加工的机床，主要用于精加工。磨床可以加工各种表面，如内外圆柱面、圆锥面、平面、渐开线齿廓面、螺旋面以及各种成形面等，还可以刃磨刀具和进行切断加工等，工艺范围非常广泛。

磨床的种类很多，主要类型包括以下几种。

1. 外圆磨床

外圆磨床应用广泛，能加工各种圆柱形和圆锥形外表面以及轴肩端面。万能外圆磨床还带有内圆磨削附件，可以磨削内孔和锥度较大的内、外圆锥面。外圆磨床包括普通外圆磨床、万能外圆磨床、无心外圆磨床、数控外圆磨床等。

2. 内圆磨床

内圆磨床砂轮主轴转速较高，可以磨削圆柱、圆锥形内孔表面，普通内圆磨床主要用于单件和小批生产，在大批生产中可以使用半自动或自动内圆磨床。内圆磨床包括普通内圆磨床、无心内圆磨床、行星式内圆磨床、数控内圆磨床等。

3. 平面磨床

平面磨床一般用于加工平面，通常将工件通过电磁力固定在电磁工作台上，然后用砂轮圆周或者端面磨削零件上的平整表面。平面磨床包括普通平面磨床、精密平面磨床、卧轴矩台平面磨床、立轴矩台平面磨床、卧轴圆台平面磨床、立轴圆台平面磨床等。

4. 工具磨床

工具磨床专用于工具制造和刀具刃磨，多用于工具制造厂及机械制造厂的工具车间。工具磨床包括普通工具磨床、万能工具磨床、数控工具磨床、工具曲线磨床、钻头沟槽磨床。

5. 各种专门化磨床

专门用于磨削某一类零件的磨床，如曲轴磨床、凸轮轴磨床、花键轴磨床、叶片磨床、活塞环磨床、齿轮磨床和螺纹磨床等。

6. 其他磨床

其他磨床包括班磨机、抛光机、超精加工机床、砂带磨床、研磨机和砂轮机等。

（二）磨削加工的特点

（1）砂轮的运动速度高。磨削速度可高达 30～35 m/s，甚至更高。

（2）砂轮的非均质结构强度低。磨具是由磨粒、结合剂和孔隙三要素组成的复合结构，其结构强度大大低于由单一均匀材质组成的一般金属切削刀具。

（3）磨削的高热现象。砂轮的高速运动使磨削区产生大量的磨削热。

（4）大量磨削粉尘。在正常磨削作业过程中，以及对砂轮进行修整时都会产生粉尘。

（三）二院常用的磨床

二院常用的磨床有内圆磨床、外圆磨床、平面磨床、珩磨床以及砂轮机等，如图3－2所示。

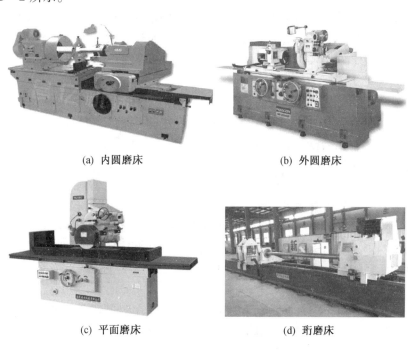

(a) 内圆磨床　　　　　　　　　　　　(b) 外圆磨床

(c) 平面磨床　　　　　　　　　　　　(d) 珩磨床

(e) 砂轮机

图3－2　二院常用的磨床

二、磨削加工危险有害因素识别

在进行磨削加工作业时，使用的最多的工具是砂轮，最不安全的因素也是高速运转的砂轮和砂轮盘，其次是在磨削过程中所产生对操作人员健康有害的碎砂粒和金属屑末。

磨削加工危险有害因素包括以下内容。

（一）机械伤害

机械伤害是指磨削机械本身、磨具或被磨削工件与操作者接触、碰撞所导致的伤害。

（1）高速旋转砂轮的破碎。砂轮平衡不好、安装不当、磨削用量选择不当、砂轮型号选择不当、砂轮本身破裂、砂轮有损伤或裂纹、缺乏及时修整及操作不当等原因均可造成砂轮破碎，碎块崩出易造成严重的伤害事故。

（2）磨削时磨屑溅入眼内，对眼睛造成伤害。

（3）在砂轮运转时调整机床、紧固工件或测量工件，手或肢体有可能与高速旋转的砂轮或磨床的其他运动部件相接触，造成磨伤、撞伤。

（4）工件夹固不牢（无心磨削时，工件位置过高）或电磁吸盘失灵等易造成工件飞出。

（5）砂轮主轴直径不正确或主轴螺纹不合适，当主轴旋转时螺母松开，使砂轮松脱，造成伤害事故。

（6）由于振动或超速运转，导致砂轮碎裂飞出伤人。

（7）工件趋近砂轮太快，与砂轮碰撞而产生反弹，对人造成伤害。

（8）运动部件没有防护罩，或开口角度过大，工件托架与砂轮间距太大。

（9）衣服缠在旋转的主轴上，易导致人员受伤。

（10）使用砂轮机磨削时工件中心架调整不适当或未备中心架。

（11）用砂轮侧面磨削工件导致砂轮强度减弱碎裂飞出伤人。

（12）在高于砂轮中心线的位置磨削工件。

（13）安装砂轮时未使用缓冲垫导致砂轮碎裂飞出伤人。

（14）砂轮卡盘尺寸不符，直径不等或产生间隙导致砂轮碎裂飞出伤人。

（二）噪声危害

磨削机械是高噪声机械，磨削噪声来自多因素的联合作用，除了磨削机械自身的传动系统噪声、干式磨削的排风系统噪声和湿式磨削的冷却系统噪声外，磨削加工切削比能大、速度高是产生磨削噪声的主要原因。尤其是粗磨、切割、抛光和薄板磨削作业，以及使用风动砂轮机，噪声更大，有时高达 115 dB（A）以上，损伤操作者听力。

（三）粉尘危害

磨削加工是微量切削，切屑细小，尤其是磨具的自砺作用，以及对磨具进行修整，都会产生大量的粉尘。据测定，干式磨削产生的粉尘中，小于 5 μm 的颗粒平均占 90%。长期大量吸入磨削粉尘会导致肺组织纤维化，引起尘肺病。

（四）磨削液危害

湿式磨削采用磨削液，对改善磨削的散热条件，防止工件表面烧伤和裂纹，冲洗磨屑，减少摩擦，减少粉尘有很重要的作用。但是，长期接触磨削液可引起皮炎；油基磨削液的雾化会损伤人的呼吸器官；磨削液的种类选择不当，会浸蚀磨具、降低其强度、增加磨具破坏的危险；湿式磨削和电解磨削若管理不当，还会影响电气设备安全。

（五）发火性危险

磨削时产生的火星、火花会对操作人员造成灼伤，甚至引起火灾。

磨削加工危险的特点是几种危险因素同时存在，例如，砂轮旋转时同时存在以下危险因素：磨削时飞出火星、磨削时产生磨屑和粉尘、砂轮主轴缠住衣服、人体与砂轮接触、砂轮破裂飞出碎片、工件楔入工件托架与砂轮间等，如图3-3所示。

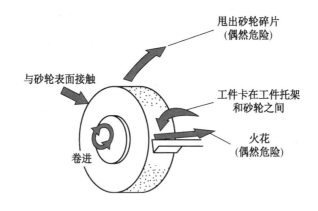

图3-3 砂轮运转时的危险因素图

（六）触电危险

当设备出现绝缘层破损、设备过载等现象时，可能导致整个设备的金属部分意外带电，操作人员触及时则会发生触电事故。

三、磨削机械的安全技术与防护

（一）技术措施

砂轮的安全是磨削机械安全防护的重点，其安全性不仅由砂轮自身的特性和速度决定，而且与组成砂轮装置的各元件的安全技术措施有直接关系。组成砂轮装置的各元件通过各自的安全技术措施，保障磨削加工的安全。砂轮装置由砂轮、砂轮卡盘和砂轮主轴共同组成，如图 3-4 所示。

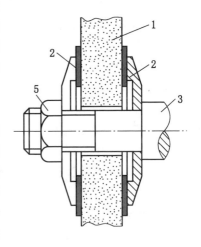

1—砂轮；2—砂轮卡盘；3—砂轮主轴；
4—垫片；5—紧固螺母

图 3-4 砂轮装置结构

1. 砂轮的选择和使用

砂轮选择不当易造成砂轮破碎事故，因此在磨削时一定要根据磨床条件、工件形状和加工需要等具体条件来选用相适应的砂轮规格型号。保证砂轮的安全是磨削机械安全防护工作的重点，从砂轮运输存储、使用前的检查、砂轮的安装和修整，到磨削机械的操作，不能忽视任何一个环节。

2. 砂轮主轴的安全要求

砂轮主轴用来支承砂轮，并将传动系统的动力和速度传递给砂轮。在磨削作业时，砂轮主轴受弯、扭组合力作用。砂轮主轴及其支承部分的结构直接影响工件的加工质量和磨削作业安全，是砂轮装置的关键结构。主轴的失效、损坏将直接导致砂轮的破坏，甚至导致砂轮飞甩造成打击伤害。为确保砂轮安全运转，砂轮主轴必须满足以下安全要求。

（1）强度要求。砂轮主轴材料需要具有较好的力学性能，抗拉强度不得低于 650 MPa，断后伸长率不得低于 10%；承载部位的截面积尺寸要足够大，以保证主轴的抗扭截面模量和抗弯截面模量，砂轮直径越大、厚度越厚，与之配合的砂轮主轴直径也应越大。

（2）刚度要求。砂轮主轴应满足抗变形的要求，尤其是在内圆磨砂轮需要借助接长轴安装在砂轮主轴上时，接长轴越细、越长，其静态挠度和动态挠度越大，会因旋转不平衡而产生振动，不仅直接影响磨削质量，而且关系到作业安全。因此，砂轮主轴应尽量选用刚度大的短、粗的接长轴。

（3）防松脱的紧固要求。

① 紧固砂轮和卡盘的砂轮主轴端部螺纹旋向必须与砂轮工作时主轴旋转的

方向相反（如果不能满足此要求，必须采取有效的防松措施）。砂轮设备上应标明砂轮的旋转方向，标记要明显且能长期保存。

② 主轴的端部应制有螺纹，以便螺母将砂轮和卡盘紧固。

③ 砂轮安装在砂轮主轴上后，必须将砂轮防护罩重新装好，将防护罩上的护板位置调整正确，紧固后方可运转。

④ 砂轮与主轴的配合要适宜。砂轮内孔与砂轮主轴的配合不得采用过盈配合，应留有间隙。配合间隙过小，磨削时产生的高切削热会使主轴发热膨胀，将砂轮挤裂。间隙过大，高速旋转砂轮可能因装配偏心而失去平衡，导致砂轮晃动，主轴振动，增加危险性。

3. 砂轮卡盘的安全要求

砂轮卡盘用于紧固砂轮，传递驱动力，并当砂轮意外破裂时，阻挡砂轮大碎块飞出，具有一定的保护功能。不同的磨削机械采用不同的砂轮卡盘和不同的装卡方法。

为保证砂轮正常工作并防止意外，砂轮卡盘必须满足以下安全技术要求。

（1）任何形式的砂轮卡盘，都应成对使用，对称装配在砂轮两侧，以较大直径的侧面紧贴在砂轮端面，以较小直径的侧面与压紧螺母或砂轮主轴的轴肩接触，卡盘内径与砂轮主轴配合。

（2）一般用途的砂轮卡盘直径不得小于被安装砂轮直径的1/3，在没有防护罩的情况下应不小于2/3；切断砂轮用的砂轮卡盘直径不得小于被安装砂轮直径的1/4。

（3）砂轮卡盘必须能将驱动力可靠地传到砂轮上。

（4）卡盘结构应均匀平衡，以免旋转时产生不平衡力。各表面应保证平滑无锐棱，以免损坏砂轮。夹紧装配后，与砂轮两侧面接触的环形压紧面应对称、平整，不得翘曲，以免对砂轮局部产生集中力。

（5）砂轮卡盘面对砂轮的侧面上，非接触部分应有足够的间隙，其最小尺寸为 1.5 mm。

（6）砂轮卡盘的材料一般采用抗拉强度不低于 415 N/mm² 的钢，保证卡盘的刚度和强度。

4. 砂轮防护装置

1）砂轮防护罩的安全要求

砂轮防护罩的功能是在不影响加工作业的情况下，将人员与运动着的砂轮隔开；当砂轮破坏时，有效地罩住砂轮碎片，保障人员安全。在正常磨削时，防护罩还可在一定程度上限制磨屑、粉尘的扩散范围，防止火花或磨削液的飞溅。

砂轮防护罩一般由圆周构件和两侧构件组成，应将包括砂轮、砂轮卡盘、砂轮主轴端部在内的整个砂轮装置罩住，在作业部位开有一定形状的开口。当防护罩在砂轮中心水平线以上的开口角度大于30°时，在开口的上端部还要设有防护板，手持磨削砂轮机防护罩开口下端部必须有工件托架，如图3-5所示。在砂轮防护罩或其附近显著位置应标明砂轮的旋转方向以及最大砂轮线速度。

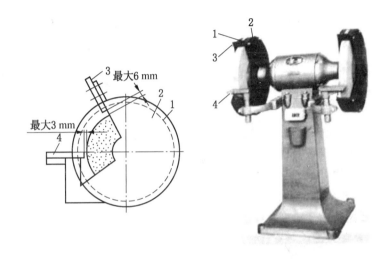

1—圆周构件；2—侧构件；3—防护板；4—工作托架

图3-5 砂轮机防护罩结构图

砂轮防护罩必须在以下几个方面达到安全技术要求。

（1）高速砂轮防护罩内壁应装吸能缓冲材料（如聚氨酯塑料、橡胶等），以减轻砂轮碎片对罩壳的冲击。

（2）针对砂轮机来说，砂轮防护罩的总开口角度应不大于90°，如果使用砂轮安装轴水平面以下砂轮部分加工时，防护罩开口角度可以增大到125°。而在砂轮安装轴水平面的上方，在任何情况下防护罩开口角度都应不大于65°。对于外圆磨床其最大总开口角度不大于180°，水平轴以上的开口角度不大于65°；对于平面磨床其最大开口角度不大于150°，且水平轴线下两侧防护罩的防护角度均不得小于15°，如图3-6所示。

（3）防护罩与砂轮的安全间隙。砂轮防护罩任何部位不得与砂轮装置各运动部件接触。沿圆周方向防护罩内壁与砂轮外圆周表面、防护罩开口边缘与砂轮卡盘外侧面间隙应小于15 mm。

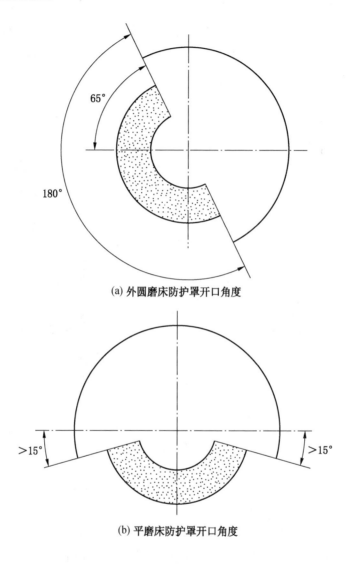

(a) 外圆磨床防护罩开口角度

(b) 平磨床防护罩开口角度

图 3-6　磨床防护罩开口角度示意图

（4）对于操作位置在砂轮防护罩前方的外圆磨床机床，其防护罩的圆周板应设有随砂轮变小而调整的机构。可调护板的安装必须保证牢固可靠。砂轮圆周表面与防护罩可调护板之间的距离，或是与防护罩开口上端边缘之间的距离一般应可调整至 6 mm 以下。另外砂轮机的托架台面与砂轮主轴中心线等高，托架与砂轮圆周表面间隙应小于 3 mm。

（5）防护罩的圆周防护部分应能调节或配有可调护板，以便补偿砂轮的磨损。当砂轮磨损时，砂轮的圆周表面与防护罩可调护板之间的距离应不大于1.6 mm。

（6）砂轮机应能随时调节工件托架以补偿砂轮的磨损，使工件托架和砂轮间的距离不大于2 mm。

2）其他安全防护装置

（1）应在磨床工作台前方安装防护装置，正面有移动门，门可以左右滑轨移动，在门处安装联锁开关，当门打开时设备可立即检测出来并急停，门关上后设备正常工作飞溅的切削碎屑和冷却液很好地被隔离，以防止切削液、切削碎屑以及被磨工件飞出伤人。

（2）进行干磨作业的磨床应配除尘装置，以保证工作室内的粉尘浓度在国家标准之内。

（3）使用电磁吸盘的平磨床与工作台应有以下联锁功能：电磁吸盘吸紧工件时，应在电磁吸盘充磁后工作台才能启动；电磁吸盘松卸工件时，应在工作台停止后电磁吸盘才能退磁。

5. 砂轮安装的安全要求

1）安装前准备工作

（1）砂轮安装前，应先检查其外观是否完好，有无隐形缺陷。检查方法是将砂轮放置于平整的硬地面上，用200~300 g的小木槌敲击，敲击点在砂轮任意侧面上，垂直中线两旁45°，距砂轮外圆表面20~50 mm处。敲打后将砂轮旋转45°再重复进行一次。若砂轮无裂纹，则发出清脆的声音，允许使用；若发出的是闷声或哑声，则不准使用。

（2）安装砂轮前必须核对砂轮主轴的转速，不准超过砂轮允许的最高工作速度。

2）安装砂轮

（1）左右两个法兰盘必须相符，以保证左右两部分压紧环面的位置及直径一致，使砂轮不受弯曲应力的作用。

（2）法兰盘与砂轮端面间要垫上1~2 mm厚的弹性材料制的衬垫（橡胶、毛毡等），衬垫的直径要比法兰盘的直径稍大一些，以消除砂轮表面的不平度，增加法兰盘和砂轮的接触面，使砂轮受力均匀。

（3）保证法兰盘与砂轮侧面非接触面的间歇一般不小于1.5 mm。

（4）拧紧紧固螺钉，不要用力过猛，一般可按对角顺序逐步拧紧，使砂轮受力均匀。

（5）选用的法兰盘直径不小于砂轮直径的 1/3，切断砂轮的法兰盘直径不得小于砂轮直径的 1/4。

（6）砂轮孔与法兰盘颈部分有恰当间歇，一般为 0.1~0.5 mm，如发现砂轮孔与法兰盘轴颈配合过紧，可以修刮砂轮内孔，不可用力压入，以免砂轮破碎。如果太松，砂轮中心与法兰盘中心偏移太大，砂轮失去平衡，这时应在法兰盘轴颈上垫一层纸加以消除。如果间歇过大，应重新配法兰盘。

（7）砂轮在法兰盘上装夹定位后，即可装入磨床主轴，应保证法兰盘的锥孔与主轴锥体有良好的接触面。

（8）砂轮轴上的紧固螺钉的旋向与主轴旋向相反，在主轴旋转时螺帽趋向夹紧，以防止磨床高速旋转时螺母自动松开。

（9）新砂轮装入磨头后，先点动或低速试转，若无明显振动，先空转 10 min，再改用正常转速，情况正常后才能使用，空转时人员应站在砂轮的侧面。

6. 设备触电防护

设备应具有触电防护（外壳防护、绝缘防护、残余电压防护、故障防护等）、短路保护、过载保护、接地保护等。

（二）管理措施

管理措施包括设置操作指示符号和安全标志、制定安全生产规章制度和安全操作规程、开展安全生产教育培训、进行经常性的安全生产检查等。

1. 设置操作指示符号和安全标志

必要时应在磨床危险部位或附近设置安全标志或涂安全色，以提醒操作、调整和维护人员注意危险的存在。使用安全标志应符合《安全标志及其使用导则》（GB 2894）和《机械电气安全 指示、标志和操作 第 2 部分：标志要求》（GB 18209.2）的规定，使用的安全色应符合《安全色》（GB 2893）的规定，应在下列危险部位设置安全标志或涂安全色。

（1）砂轮罩壳前盖。

（2）电气箱体外表面。

（3）非全封闭工作台防护罩前端。

（4）磨头移动式机床的磨头体后部（不包括磨头体移动时不超出拖板的机床）。

（5）蓄能器附近的显著位置。

（6）不能安装防护罩的工作台纵向液压换向撞块和拨叉部位。

2. 制定安全生产规章制度和安全操作规程

1）制定安全生产规章制度

依据国家有关法律法规、国家标准和行业标准，结合各单位的生产条件、作业危险程度及具体工作内容，以各单位名义颁发的有关安全生产的规范性文件。在长期的生产经营活动过程中积累的大量风险辨识、评价、控制技术以及生产安全事故教训的积累等，只有形成生产经营单位的规章制度才能保障从业人员安全与健康。

2）制定安全操作规程

根据现行国家标准、行业标准和规范、磨床的使用说明书、磨床机械设计和制造资料、生产安全事故教训、作业环境条件、安全生产责任制等制定安全操作规程。安全操作规程应包含的内容：操作前的准备、劳动防护用品穿戴要求、操作的先后顺序和方式、设备状态、人员所处位置和姿势、作业中禁止的行为、特殊要求、异常情况的处理等。内圆磨床的安全操作规程的示例如下。

（1）作业前：

① 操作前要穿紧身防护服，袖口扣紧，上衣下摆不能敞开，严禁戴手套，不得在开动的机床旁穿、脱换衣服，或围布于身上，防止机器绞伤。必须戴好安全帽，辫子应放入帽内，不得穿裙子、拖鞋。

② 开启设备前应先检查各操作手柄是否已退到空挡位置上，然后空车运转，并注意各润滑部位是否有油，空转数分钟，确认机床情况正常再进行工作。

（2）作业中：

① 装卸重大工件时应先垫好木板及其他防护装置，工作时必须装夹牢固，严禁在砂轮的正面和侧面用手拿工件磨削。

② 作业时应站在砂轮侧面，砂轮和工件应平稳地接触，使磨削量逐渐加大，不准骤然加大进给量。细长工件应用中心架，防止工件弯曲伤人。

③ 停车时，应先退回砂轮后方可停车。

④ 调换砂轮时，必须认真检查，砂轮规格应符合要求，无裂纹，响声清脆，并经过静平衡试验；新砂轮安装时一般应经过二次平衡，以防产生震动。安装后应先空转 3~5 min，确认正常后，方可使用。在试转时，人应站在砂轮的侧面。

⑤ 磨平面时，应检查磁盘吸力是否正常，工件要吸牢，接触面较小的工件，前后要放挡块、加挡板，按工件磨削长度调整好限位挡铁。

⑥ 加工表面有花键、键槽或偏心的工件时，不能自动进给，不能吃刀过猛，走刀应缓慢，卡箍要牢。使用顶尖时，中心孔和顶尖应清理干净，并加上合适润滑油。

⑦ 必须进给量恰当，防止砂轮和工件相撞，并要调整好换向挡块。

⑧ 砂轮不准磨削铜、锡、铅等软质工件，用金刚钻磨削砂轮时，刀具要装

牢固，刀具支点与砂轮间距尽量缩小，进刀量要缓慢进给。

（3）作业后：

工作完毕停车时，应先关闭冷却液，让砂轮运转 2～3 min，进行脱水，方可停车。然后做好保养工作，刷清铁屑灰尘，润滑加油，切断电源。

3. 开展安全生产教育培训

加强从业人员的安全生产教育培训，提高生产经营单位从业人员对作业风险的辨识、控制、应急处置和避险自救能力，提高从业人员安全意识和综合素质，是防止发生不安全行为、减少人为失误的重要途径。作业人员经过安全生产教育培训并考核合格后才能上岗。

4. 进行经常性的安全生产检查

安全生产检查是指对生产过程及安全管理中可能存在的隐患、危险与有害因素、缺陷等进行查证，以确定隐患或危险与有害因素、缺陷的存在状态，以及消除或限制它们的技术措施和管理措施有效性，确保生产的安全。安全生产检查一般检查作业人员、仪器设备、管理、作业环境等方面。

设备运转前检查项目应包括以下内容。

（1）检查除内圆磨削用砂轮、手提砂轮机上直径大于 50 mm 的砂轮以及金属壳体的金刚石和立方氮化硼砂轮外，其他砂轮是否装设防护罩。

（2）检查切削液选择是否正确，树脂结合剂砂轮不能使用含碱性物大于1.5% 的切削液，橡胶结合剂不能使用油基切削液。

（3）检查是否多人共用一台砂轮机同时操作。

（4）定期检查和维修磨削机械的防尘装置，以保持其除尘能力。

（5）磨削镁合金前检查通风是否有效，是否及时清理管道中的粉尘。

（6）检查个人安全卫生防护用品是否穿戴齐全正确。在干式磨削操作中，可采用眼镜或护目镜、固定防护屏有效地保护眼睛。金属研磨工要特别注意防止铅化合物等重金属污染，配备防护服、完善的卫生洗涤设备，提供必要的医疗措施。

（7）检查作业人员是否有三违行为。

（三）个体防护措施

1. 眼面防护用品

在干式磨削操作过程中，需要佩戴护目镜或配置固定防护屏等眼面防护用品，防御切削屑、砂轮脱落物、火花等的冲击伤害。

2. 听力防护用品

磨削作业中产生的噪声较大，主要使用耳塞、耳罩等具有降低噪声危害的听力防护用品。

3. 呼吸防护用品

磨削作业中产生的粉尘较大，工作室内应配置有效的局部通风除尘装置，避免干式磨削粉尘的伤害，移动式砂轮作业因不便使用通风设施应避免长时间操作，必要时可配备个人防尘呼吸器。

4. 躯体防护用品

磨削作业中，躯体防护用品主要使用长衣长袖工作服。长衣长袖工作服是防御普通伤害和脏污的躯体防护用品，但工作时衣袖部分需扎紧。但在进行金属研磨时应特别注意防止铅化合物等重金属污染，配备保护服、完善的卫生洗涤设备和提供必要的医疗措施。

四、磨削加工机械常见事故分析、典型案例及应急措施

（一）事故分析

1. 常见事故原因

磨削加工事故有由磨削时飞出火星伤人、磨削时产生磨屑和粉尘造成职业病、砂轮主轴缠住衣服导致肢体卷入、人体与砂轮接触造成擦伤、砂轮破裂飞出碎片伤人、工件楔入工件托架与砂轮间飞出伤人等多种原因。由此可见磨削加工引发事故的原因众多，引发事故的类型主要为机械伤害、职业病。

2. 人的不安全行为

（1）操作磨削机械设备时未取下工作证，敞开衣襟、戴围巾、系领带操作。

（2）戴手套操作磨削机械设备。

（3）穿拖鞋、裙子以及其他有碍工作的装束操作磨削设备。

（4）使用磨削机械打磨时操作人员正面对砂轮。

（5）操作磨削机床未正确佩戴护目镜、耳塞、防尘口罩等劳动防护用品。

（6）用砂轮侧面磨削工件。

（7）在高于砂轮中心线的位置磨削工件。

（二）典型事故案例

1. 案例一

事故经过：2007 年 12 月 17 日上午 10 时，砂轮机操作工尚某某把旧砂轮换下后将新砂轮换上，开机后不到 2 min，砰的一声，砂轮崩裂为三块飞出，其中一块砸到尚某某的头上，尚某某当场倒地，鼻孔出血，在场职工迅速将其抬出门外，叫来 120 救护车送医院抢救，终因伤势过重抢救无效死亡。该非法工厂租用两间民房作为生产场地，其中一间为生活用房，一间为工厂，现场场地拥挤杂乱。员工在更换新砂轮片时，虽有纸垫却无夹板。

事故原因：事故直接原因是尚某某违反砂轮机安装和操作规定。按照有关规定，更换新砂轮片两边要用夹板和有弹性的纸垫板，装好新砂轮片之后要试运行空转 3 min 后才能使用；同时操作时操作人员要位于砂轮侧面。而尚某某更换砂轮时既没有使用夹板，也没有试运转，更换完砂轮片后立即投入使用并在砂轮的正面使用，致使新砂轮在开启后两分钟发生崩裂飞出将自己砸死。事故间接原因是业主陈某某安全意识淡薄，非法开办加工厂，没有制定安全生产管理制度和安全技术操作规程；对作业现场监视检查不到位，未掌握作业现场安全动态；对职工缺乏有针对性的安全教育与培训，导致职工不具备必要的安全生产知识。

事故教训：更换新砂轮片两边要用夹板和有弹性纸垫板，装好新砂轮片之后要试运行空转 3 min 后才能使用，操作时操作人员应位于砂轮侧面。同时要针对机械设备编制安全操作规程，对作业人员进行安全培训，并按照安全操作规程进行操作。

2. 案例二

事故经过：机动科磨工胡某某（女，22 岁）在外圆磨床上磨削三面刃立铣刀的锥柄（$\Phi 14$ mm）。因圆顶尖没有顶准锥柄的中心孔，位置偏移，且启动前又未进行手动空运转加以检查，就直接开动机床，造成立铣刀被砂轮撞击飞出，击中胡某某左眼球，致左眼视力严重减退。

事故原因：胡某某违反安全操作规程中"设备在启动前应进行手动空运转试验检查，待正常后再启动机床"的规定。且安装工件时没有对准位置。

事故教训：要加强对职工的安全教育，提高遵章守纪的自觉性和认真负责的工作作风；作业人员认真做好岗位的自我检查。

（三）应急处置措施

发现砂轮伤人事故，首先要尽快查看伤员伤势，在伤势不明的情况下，不可随便移动伤员，等专业救护人员到来后再根据伤员的具体症状进行施救。

（1）第一发现人立即大声发出"设备急停"口令，操作工按下设备急停开关。

（2）现场处置小组检查受伤人员情况，如有外伤，现场处置小组成员使伤者脱离危险区域，并将伤者转移至安全区，采取扎绷带等止血措施；若伤情严重，事故第一发现人应立即拨打 120 急救电话或送就近医院救治，并进行简单的处理：

① 如有断肢情况，及时用干净毛巾、手绢、布片包好，放在无裂纹的塑料袋或胶皮袋内，袋口扎紧，不得在断肢处涂酒精、碘酒及其他消毒液。

② 若肢体骨折，尽量使伤者平躺于地面，以免骨折部位受到挤压，避免不

正确的抬运；若发生呼吸困难者，要解开腰带、衣扣，采用人工呼吸等方法进行抢救。

③ 如有肢体卷入设备内，立即切断电源；如果肢体仍被卡在设备内，不可用倒转设备的方法取出肢体，应拆除设备部件，无法拆除拨打119报警。

（3）班组长立即通知车间现场处置小组，报告事故现场情况，同时安排现场其他人员维护现场秩序、保护事故现场。

（4）当核实所有人员获救后，将受伤人员的位置进行标记或拍照，禁止无关人员进入事故现场，等待事故调查人员进行调查处理。

第三节　冲、剪、压机械加工安全技术

一、冲剪压机械的分类

压力加工工艺即利用压力机和模具，使金属及其他材料在局部或整体上产生永久变形。压力加工涉及的范围包括弯曲、胀形、拉伸等成形加工，挤压、穿孔、锻造等体积成形加工，冲裁、剪切等分离加工，以及成形结合、锻造和压接等组合加工等。压力加工工艺是一种少切削或无切削的加工工艺。其中，在常温下对板材实现压力加工的工艺称"冷冲压"或者"板材冲压"。压力加工广泛应用于航空、轻工、冶金、化工、建筑、船舶、汽车、电力、电器、装潢等行业生产部门。压力机（包括剪切机）是危险性较大的机械，通常被称为"老虎机"，操作人员手指被切断的事故多发，压力加工人员的人身安全长期受到事故伤害威胁，压力加工安全问题较为突出。

压力机按传动方式不同，可分为机械传动式、液压传动式、电磁及气动式压力机；按机身结构不同，可分为开式和闭式机身压力机；根据产生压力的方式不同，机械压力机又可分为摩擦压力机和曲柄压力机。

二院常用的冲剪压机械有液压式剪板机、热压成型机、数控冲压机以及层压机，如图3-7所示。

压力加工的危险因素主要是噪声、振动和机械危险，其中以冲压事故危险性最大。

二、冲剪压机械危险有害因素识别

（一）机械伤害

机械伤害包括人员与运动零件接触伤害、冲压工件的飞崩伤害等。压力机在冲压作业过程中，人员受到冲头的挤压、剪切伤害的事件称为冲压事故。冲压事故发生频率高、后果严重，是压力加工最严重的危害。统计数字表明，冲压事故绝大多数发生在冲压作业的操作过程中。其中，因送取料而发生的事故约占

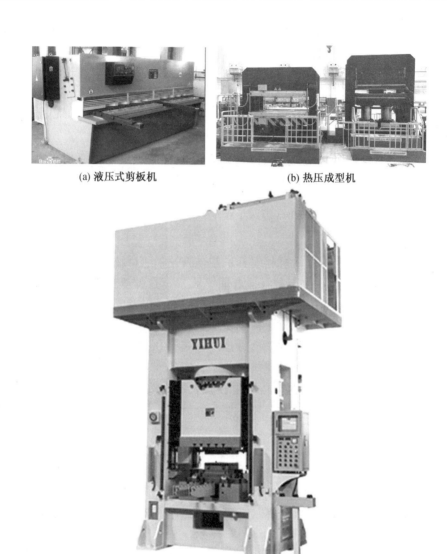

(a) 液压式剪板机　　　　(b) 热压成型机

(c) 数控冲压机

图 3-7　二院常用的冲剪压机械

38%，由于校正定位不当的加工工件而发生的事故约占 20%，清除模具表面废料、残渣及其他异物而造成的事故占 14%，多人操作不协调或者模具安装调整操作不当而造成的事故占 21%，因机械故障引起的事故占 7%。受伤部位多发生在手部（右手居多），其次是面部和脚，很少发生在其他部位。从后果看，死亡事件少，而永久残废和局部残废率高，给受伤人员造成很大痛苦。

（二）机械振动危害

振动主要来自冲压工件的冲击作用，尤其是手持工件操作时，手和手臂受振动影响更大。人体长时间处于振动环境中，会产生心理和生理上不适，甚至由于注意力难以集中、操作准确性下降而导致事故发生。冲击振动还会使设备连接松动、材料疲劳，使周围其他设备的精度降低。

（三）噪声危害

压力机是工业高噪声机械之一，噪声源主要是机械噪声，噪声来自传动零部件的摩擦、冲击、振动及刚性离合器接合时的撞击，工件被冲压以及工件及边角余料撞击地面或料箱时也会产生噪声等。目前比较切实可行的保护措施，一是给传动系统加防护罩，可使噪声级下降 5~8 dB(A)，二是作业人员佩戴听力护具，如耳塞、耳罩等耳部防护用品，可以大大减少噪声对听觉的伤害。

（四）高温危害

热压机在工作时会产生高温，若员工操作不当触碰到热压机加热部分则会发生严重的烫伤。

（五）触电危险

当设备出现绝缘层破损、设备过载等现象时，可能导致整个设备的金属部分意外带电，操作人员触及时则会发生触电事故。

三、冲剪压机械的安全技术与防护

针对危险和有害因素，一般采取技术措施、管理措施、个体防护相结合的方法进行消除或控制。

（一）冲压机械安全技术措施

1. 安全防护装置

压力机应安装危险区安全保护装置，并确保正确使用、检查、维修和可能的调整，以保护暴露于危险区的每个人员。安全防护装置分为安全保护装置与安全保护控制装置。安全防护装置应具备以下安全功能之一：在滑块运行期间，人体的任一部分不能进入工作危险区；在滑块向下行程期间，人体的任一部分不能进入工作危险区；在滑块向下行程期间，当人体的任一部分进入危险区之前，滑块能停止下行程或超过下死点。

安全保护装置包括活动式、固定栅栏式、推手式、拉手式等。安全保护控制装置包括双手操作式、光电感应保护装置等。如果压力机工作过程中需要从多个侧面接触危险区域，应为各侧面安装提供相同等级的安全防护装置。危险区开口小于 6 mm 的压力机可不配置安全防护装置。

1）固定式封闭防护装置

通过在危险区周围设置实体隔离，确保人体任何部位无法进入危险区，从而保护一切有可能进入危险区人员的安全。常见有固定式和活动联锁式，实体隔离有透明实体隔板、栅栏式防护装置，应满足下列安全要求：

（1）防护装置应牢固固定安装在机床、周围其他固定的结构件或安装在地面上，不用专门工具不能拆除。

（2）固定式防护装置的送料开口、栅栏式防护装置的栅栏间隙和隔离实体到危险线的安全距离，应符合防止上下肢触及危险区的安全距离的标准要求。

（3）联锁式防护装置只有在活动护栏门关闭后才能启动工作行程。

2）双手操作式安全保护控制装置

装置的工作原理是，将滑块的下行程运动与对双手的限制联系起来，强制操作者必须双手同时推按操纵器，滑块才向下运动；此间如果操作者仅有一只手离开，或双手都离开操纵器，在手伸入危险区之前，滑块停止下行程或超过下死点，使双手没有机会进入危险区，从而避免受到伤害。双手操作式安全装置应符合以下安全技术要求。

（1）双手操作的原则。不能只用一只手、同一手臂的手掌和手肘、小臂或手肘、手掌和身体的其他部分来启动输出信号，必须双手同时推按操纵器，离合器才能接合滑块下行程；在滑块下行过程中，松开任一按钮，滑块立即停止下行程或超过下死点。

（2）重新启动的原则。装置必须有措施保证，在滑块下行程期间中断控制又需要恢复时，或单行程操作在滑块达到上死点需再次开始下一次行程时，只有双手全部松开操纵器，然后重新用双手再次启动，滑块才能动作。在单次操作规范中，当完成一次操作循环后，即使双手继续按压着操作按钮，工作部件也不会再继续运行。

（3）最小安全距离的原则。安全距离是指操纵器的按钮或手柄中心到达压力机危险线的最短直线距离。安全距离应根据压力机离合器的性能来确定。

① 对于滑块不能在任意位置停止的压力机（如刚性离合器），最小安全距离应大于手的伸进速度与双手离开操纵器到滑块运行至下死点时间的乘积，计算公式如下。

$$T_s = (1/2 + 1/N) T_n \qquad (3-1)$$

式中　T_s——双手按压操纵器接通离合器控制线路到滑块运行到下死点的时间
（应考虑最长时间，即滑块下行程的时间与离合器在结合槽间所需要的转动时间之和），s；

　　N——离合器的结合槽数；

　　T_n——曲轴回转一周的时间，s。

T_s 和安全距离 D_s 可以通过对压力机的计算直接获取。

② 对于滑块可以在任何位置停止的压力机（如摩擦式离合器），计算公式如下。

$$D_s > 1.6 T_s \tag{3-2}$$

式中　1.6——人手的伸进速度，m/s；

　　　　D_s——安全距离（即操纵器至模具刃口的最短直线距离），m；

　　　　T_s——双手离开操纵器断开压力机离合器的控制线路到滑块完全停止的时间（要考虑滑块的惯性，取最长时间；T_s 值对不同的压力机应在曲轴转到 90° 左右处进行实测来获取），s。

（4）操纵器的装配距离要求。装配距离，是指两个操纵器（按钮或操纵手柄的手握部位）内边距离。最小内边距离大于 260 mm，最大内边距离小于 600 mm。

（5）对需多人协同配合操作的压力机，应为每位操作者都配置双手操纵装置，并且只有全部操作者协同操作双手操纵装置时，滑块才能启动运行。

3）光电保护装置

光电保护装置是目前压力机使用最广泛的安全保护控制装置。通过在投光器和接收器二者之间形成光幕将危险区包围，或将光幕设在通往危险区的必经之路上。当人体的某个部位进入危险区（或接近危险区）时，立即被检测出来，滑块停止运动或不能启动。光电保护装置应满足以下功能。

（1）保护范围。由保护长度和保护高度构成的矩形保护幕将危险区包围，光幕不得采用三角形和梯形。保护高度不低于滑块最大行程与装模高度调节量之和，保护长度应能覆盖操作危险区。

（2）自保功能。在保护幕被遮挡，滑块停止运动后，即使人体撤出恢复通光时，装置仍保持遮光状态，滑块不能恢复运行，必须按动"复位"按钮，滑块才能再次启动。

（3）回程不保护功能。滑块回程时装置不起作用，在此期间即使保护幕被破坏，滑块也不停止运行，以利操作者的手出入操作。

（4）自检功能。光电保护装置可对自身发生的故障进行检查和控制，使滑块处于停止状态，在故障排除以前不能恢复运行。

（5）响应时间与安全距离。响应时间是指从保护幕被破坏到安全装置的输出接点断开压力机控制线路的时间。这是标志装置安全性能的主要指标之一，响应时间不得超过 20 ms。从保护幕到模口危险区的安全距离，应根据压力机的制动方式通过计算来确定。

对于不能使滑块在任意位置停止的压力机，公式同式（3-2）。

对于滑块可在任意位置停止的压力机，公式为

$$D_s = 1.6(T_1 + T_2) \tag{3-3}$$

式中 T_1——安全装置的响应时间（一般按允许最长时间 0.02 s 考虑），s；

T_2——从压力机控制线路切断至滑块完全停止的时间，s。

对于摩擦式离合器，时间因素要考虑装置的响应时间和压力机性能影响两个方面。装置的响应时间 T_1 是给定的技术参数，T_2 则应在曲轴转到 90°附近实际测定。

（6）抗干扰性。应考虑安全装置对周围环境的适应范围（包括海拔高度、环境温度、空气相对湿度以及光照等），若超出范围，装置的灵敏度、可靠性都无法保证，反而不安全。光线式安全装置应具有抗光线干扰的可靠性，在白炽灯、高频电子电源荧光灯干扰下应能正常工作，受到频闪灯光干扰不应失灵。

4）拉（推或拨）手式安全装置

拉（推或拨）手式安全装置属于机械式安全装置，可防止操作者双手误入危险区。若手已入危险区，通过该安全装置将手随冲模的闭合而拉（推或拨）出危险区。目前已很少使用。

5）安全操作附件

安全操作附件指在压力机主机以外，为用户安全操作额外提供的手用操作工具，包括手用钳、钩、镊、各式吸盘（电磁、真空）及工艺专用工具等。需要强调指出，手用工具本身并不具备安全装置的基本功能，是安全操作的辅助手段，它只能代替人手伸进危险区，不能取代安全装置。手工具必须符合人机工程要求，手持式电磁吸盘还应符合电气安全的规定。

手用工具的设计和选用应注意以下几点。

（1）符合安全人机工程学要求。手柄形状要适于操作者的手把持，并能阻止在用力时手向前握或前移到不安全位置，避免因使用不当而受到伤害。

（2）结构简单方便使用。手用工具的工作部位应与所夹持坯料的形状相适应，以利于夹持可靠、迅速取送、准确入模。

（3）不损伤模具。手用工具应尽量采用软质材料制作，以防意外情况下，工具未及时退出模口，当模具闭合时造成压力机过载。

（4）手持式电磁吸盘应符合电气安全的规定。

2. 消减冲模危险区的措施

（1）减少上、下模非工作部分的接触面，将上模座正面和侧面制成斜面、倒钝外廓和非工作部件的尖角。

（2）当冲模闭合时，从下模座上平面至上模座下平面的最小间距应大于60 mm。

（3）手工上下料时，在冲模的相应部位应开设避免压手的空手槽。

3. 其他保护措施

（1）超载保护装置。压力机应装备超载保护装置，如剪切式、压塌式、液压式等超载保护装置。当发生超载时，使动力不能继续输入，后续机构运动停止，从而保护后续主要受力件不遭到损坏。

（2）安全支撑装置。在调整压力机模具或维修时，将支撑装置作为支撑，置于模具空间内，防止滑块或模具部件移动、下落。只要支撑装置处在防护位置，则压力机不能启动行程且滑块应保持在上死点。可将安全支撑装置与压力机控制装置联锁。

（3）紧急停止按钮。压力机必须装设红色紧急停止按钮，该装置在供电中断时，应以不大于0.20 s的时间快速制动。如果有多个操作点时，各操作点上一般均应有紧急停止按钮。

（4）安全监控、显示装置。应根据安全运行、操作的需要设置安全监督、控制、显示装置。

（5）防松措施。压力机上所用的螺栓、螺母、销针等紧固件和弹簧，因破坏、失效、松脱会导致意外或零部件移位、跌落时，必须采取防松措施。

（6）解救被困人员措施。应提供解救在模区被困人员的措施，如辅助驱动装置、手动旋转飞轮的开口。手动旋转应与压力机控制系统联锁。

（二）剪板机械安全技术措施

1. 一般安全要求

（1）剪板机应有单次循环模式。选择单次循环模式后，即使控制装置持续有效，刀架和压料脚也只能工作一个行程。

（2）压料装置（压料脚）应确保剪切前将剪切材料压紧，压紧后的板料在剪切时不能移动。

（3）安装在刀架上的刀片应固定可靠，不能仅靠摩擦安装固定。

（4）剪板机上的所有紧固件应紧固，并应采取防松措施以免引起伤害。

（5）在使用剪板机时，剪板机后部落料危险区域一般应设置阻挡装置，以防止人员发生危险。如果剪板机配备了可调整的前托料和后挡料，即使配备了后托料，后挡料（电动或非电动）和前托料（如果配备）不能将其调整到刀口下方，后挡料的设计也不允许将后挡料调整到刀口之间。

（6）应根据剪板机自身的结构性能特点，设置合适的安全监督控制装置，对机器的安全运行状况进行监控。

（7）剪板机上必须设置紧急停止按钮，一般应在剪板机的前面和后面分别设置。

（8）如果剪板机配有激光器（指示剪切线），则应符合安全标准的规定，以保证其不致对人身产生伤害。

2. 安全防护装置

剪板机安全防护装置防止从前部、侧面和后部接触运动的刀口和电动后挡料以及辅助装置。如剪板机完成工作需从多个侧面接触危险区域，每一个侧面都应设置防护。

1）固定式防护装置

（1）固定式防护装置应牢固安装在机器上，防止通过工作台上的沟槽和压料装置进入危险区。

（2）应可防止进入刀口和压料装置构成的危险区域。

（3）固定式防护装置不应阻挡看清剪切线。

（4）装置的进料开口和装置安设的最小安全距离，应符合防止上下肢触及危险区的安全距离的标准要求。

2）联锁防护装置或联锁防护装置与固定式防护装置的组合

（1）如果联锁防护装置处于打开位置，任何危险运动都应停止；只有防护装置关闭后才能启动剪切行程，电动后挡料和辅助装置才能开始运动。

（2）不带防护锁的联锁防护装置应安装在操作者伤害发生前且没有足够时间进入危险区域的位置。

（3）不带防护锁的联锁防护装置应与固定式防护装置结合使用，在任何危险运动过程中应能防止进入危险区（压料装置、剪切线）。

（4）安全距离应按照剪板机总响应时间和操作者的速度进行计算确定。

3）光电保护装置

采用光电保护装置应满足下列要求。

（1）确保只能从光电保护装置的检测区进入危险区，应提供附加的安全防护装置，阻止从其他方向进入危险区。

（2）如果现场有可能从剪板机侧面进入危险区，应提供附加的安全防护装置，附加的安全防护装置应确保人或任何身体部位不能进入危险区。

（3）如果现场有可能从后部进入危险区，安装在剪板机后部的光电保护装置，用于防止从剪板机后部接触刀架和电动后挡料，并且允许剪切后的板料移动到安全位置。

（4）光电保护装置应安装在操作者接触危险区域伤害发生前危险运动已经停止的位置。

（5）安全距离的计算应根据剪板机总停止响应时间和操作者接近危险区域的速度计算。

（6）如果人体任一部分引起光电保护装置动作，任何危险动作都应停止，亦不可能启动。

（7）复位装置应放置在可以清楚观察危险区域的位置。每一个检测区域严禁安装多个复位装置；如果后面有光电保护装置防护，每个检测区域应安装一个复位装置。

3. 设备触电防护

设备应具有触电防护（外壳防护、绝缘防护、残余电压防护、故障防护等）、短路保护、过载保护、接地保护等。

（三）管理措施

管理措施包括设置操作指示符号和警告标志、制定安全生产规章制度和安全操作规程、开展安全生产教育培训、进行经常性的安全生产检查等。

1. 设置操作指示符号和安全标志

冲剪压机床上使用的安全色和安全标志分别符合《安全色》（GB 2893）和《安全标志及其使用导则》（GB 2894）、《安全生产环境标识规范》（QJB 255）、《二院安全生产环境布置规范》（Q/WE 1161）的规定。

2. 制定安全生产规章制度和安全操作规程

1）制定安全生产规章制度

依据国家有关法律法规、国家标准和行业标准，结合各单位的生产条件、作业危险程度及具体工作内容，以各单位名义颁发的有关安全生产的规范性文件。在长期的生产经营活动过程中积累的大量风险辨识、评价、控制技术以及生产安全事故教训的积累等只有形成生产经营单位的规章制度才能保障从业人员安全与健康。

2）制定安全操作规程

根据现行国家标准、行业标准和规范、冲剪压机械的使用说明书、冲剪压机械设计和制造资料、生产安全事故教训、作业环境条件、安全生产责任制等制定安全操作规程。安全操作规程应包含的内容：操作前的准备、劳动防护用品穿戴要求、操作的先后顺序和方式、设备状态、人员所处位置和姿势、作业中禁止的行为、特殊要求、异常情况的处理等。冲压机械的安全操作规程的示例如下。

（1）工作前：

① 液压冲压工必须经过岗前培训，掌握设备的结构、性能，熟悉安全操作规程，经考试和考核合格后才能上岗独立工作。

② 冲压工只准在指定的压力机上工作，且穿戴好工作服，头发拢入帽内，袖口扎紧，上衣塞入裤内。

③ 把工作地点上的一切边料、成品及材料移开，整理工作地点，检查照明和工作地点使其适合工作。

④ 要把压力机上的一切防护装置及防护罩放妥并校正。

⑤ 按规定润滑压力机。

⑥ 在开动压力机前，必须检查压力机及模具是否正常、压力机上面是否有检修人员、离合器在不工作的分离位置，确认无误后才能开车试运转。检查压力机离合器、脚踏板、拉杆和制动器按钮是否灵活好用，特别要检查刹车系统是否可靠，确认正确后方可生产。

⑦ 先发动压力机，空转 5 min，查看油箱油位是否充足，油泵声响是否正常，液压设备和管道、接头、活塞是否走漏，压力是否到达作业压力，设备动作是否正常可靠。

（2）工作时：

① 工作时要精神集中，不准说笑、打闹、吸烟和打瞌睡等。为避免滑块下行时，手误放入冲模内，要注意滑块运行方向。

② 在生产运行中，听到压力机开始反复冲落并有不正常的敲击声、发现废品、坯料开始咬在冲模上、灯光熄灭等情况时，要停止工作并报告工长。

③ 按照工艺规程或工艺指定的规范操作、不准闸住操作机构，没有保护措施不准连车生产，严禁用楔嵌入脚踏开关、按钮和拉杆里。

④ 坯料放置在冲模上，且用来放置或取出零件的手工工具离开冲模以后，才可把脚放在踏板上。

⑤ 暂时离开、由于停电造成电动机停止或发现压力机工作有不正常现象等情况下，要停车并把踏板移到空挡或锁住踏板。

⑥ 按工长指示，随时使用适当的用具往坯料上涂油，并往导板及冲模上加油。

⑦ 压力机每次接合，更换工件时，要把手移开杠杆或把脚从踏板上移开。

⑧ 不准拆除任何防护罩和安全装置，当它们不适用时，须向上级报告。

⑨ 看管多轴压力机时，在连杆停在上极限点之前，不准将工件移开。

⑩ 压力机工作地点物品摆放有序，材料、坯料和成品都要放在规定的地方，禁止乱扔和阻塞通道。

⑪ 为避免损坏压力机，禁止在冲模上放双层坯料。

⑫ 注意勿使材料和零件触及电线。

（3）工作结束时：

① 关掉电动机，直到压力机全部停车。

② 把压力机交给接班人员，检查防护装置、防护罩和压力机是否完整，并告知他们工作时需要注意的问题。

③ 揩净压力机及冲模，并在冲模和滑块的导板上涂油。

④ 整理工作地点，清理压力机工作台并给压力机加油。

⑤ 工作完毕，把踏板移到空挡或把踏板锁住。

3. 开展安全生产教育培训

加强从业人员的安全生产教育培训，提高生产经营单位从业人员对作业风险的辨识、控制、应急处置和避险自救能力，提高从业人员安全意识和综合素质，是防止发生不安全行为、减少人为失误的重要途径。作业人员经过安全生产教育培训并考核合格后才能上岗。

4. 进行经常性的安全生产检查

安全生产检查是指对生产过程及安全管理中可能存在的隐患、危险与有害因素、缺陷等进行查证，以确定隐患或危险与有害因素、缺陷的存在状态，以及消除或限制它们的技术措施和管理措施有效性，确保生产的安全。安全生产检查一般检查作业人员、仪器设备、管理、作业环境等方面。

设备运转前检查项目应包括以下内容。

（1）检查离合器、制动器功能，检查联锁阀动作是否正常（在飞轮没有转动时）。

（2）检查螺栓有无松动并拧紧。

（3）检查紧急停止按钮的按压和复位功能是否正常。

（4）检查、整理、整顿压力机周围的环境并保证清洁，消除事故隐患。

（5）检查各油箱油位是否在合理界限。

（6）检查作业人员是否有"三违"行为，劳动防护用品是否穿戴整齐正确。

（四）个体防护措施

当采取技术措施或管理措施不能完全消除危险因素对人体的危害时，只能通过加强个体防护的措施实现安全。个体防护装备（劳动防护用品）是指从业人员为防御物理、化学、生物等外界因素伤害所穿戴、配备和使用的护品总称。

1. 头部防护用品

冲剪压作业中头部防护用品主要使用工作帽。工作帽是防御头部脏污、擦伤、长发被绞碾等伤害的头部防护用品。

2. 听力防护用品

冲剪压作业中产生的噪声较大，主要使用耳塞、耳罩等具有降低噪声危害的听力防护用品。

3. 躯体防护用品

冲剪压作业中躯体防护用品主要使用工作服。躯体防护用品是防御普通擦、割、划伤和脏污的躯体防护用品。

4. 手部防护用品

冲剪压作业中手部防护用品主要使用普通手套和耐高温手套。普通手套是防御上下模、起吊材料、处理废料时尖锐物划伤手部的防护用品。耐高温手套是操作热压机进行上下模、起吊材料、处理废料时防止手部被高温物体烫伤。

四、冲剪压机械常见事故分析、典型案例及应急措施

（一）事故分析

冲剪压事故可能发生在冲床设备的非正常状态，例如，离合器或制动器元件缺陷、故障或破坏，电气元件失效等造成滑块运动失控形成连冲，模具设计不合理或有缺陷引发事故。更多事故是发生在机器处于正常状态，冲压作业正常进行中。

1. 冲剪压事故的共同特点

（1）危险状态：滑块做上下往复直线运动。

（2）操作危险区：压力机滑块安装冲模后，冲模的垂直投影面范围的模口区。

（3）危险时间：随着滑块的下行程，上、下模具的相对距离变小甚至闭合的阶段。

（4）危险事件：在特定时间（滑块的下行程），操作者在该区域进行安装、调试冲模，对放置的材料进行剪切、冲压成形或组装等零部件加工作业，当人的手臂仍然处于危险空间（模口区）发生挤压、剪切等机械伤害。

2. 事故原因

（1）冲压操作简单，动作单一。单调重复的作业极易使操作者产生厌倦情绪。

（2）作业频率高。操作者需要被动配合冲床，手频繁地进出模口区操作，精力和体力都有很大消耗。

（3）冲压机械噪声和振动大。作业环境恶劣会造成对操作者生理和心理的不良影响。

（4）设备原因。模具结构设计不合理；未安装安全装置或安全装置失效；冲头打崩；机器本身故障造成连冲或不能及时停车等。

（5）人的手脚配合不一致，或多人操作彼此动作不协调。

从上面分析可见，仅单方面要求操作者在整个作业期间，一直保持高度注意力和准确协调的动作来实现安全是苛刻的，也是难以保证的。必须从安全技术措施着手，在压力机的设计、制造与使用等诸环节全面加强控制，才能最大限度地避免危险并减少风险。

3. 人的不安全行为

（1）冲剪压机作业时手伸进冲压模具。

（2）冲剪压作业人员（非自动化作业）连班作业。

（3）使用手工代替工具作业。

（4）模具装置不稳妥、压板不平或偏心装模。

（5）作业时未正确佩戴耳塞、手套等劳动防护用品。

（二）典型事故案例

1. 案例一

事故经过：某车间邵某某（男，23 岁）在使用剪床剪 0.3 mm 厚的带钢时，由于带钢弯曲，材料窄小，有一片剪切好的带料卡在剪床后面的尺寸靠具上。邵某某发现后，便用右手伸过压板和刀口，去取卡住的料。正巧刀又切下，致邵某某右手食指、中指、无名指、小指各切断二节半。

事故原因：经调查，操作者将剪床原有控制踏板开关上的两根拉簧拆下一根，造成开关控制失灵；用手直接伸进危险区取被卡住的料十分危险。

事故教训：应根据被剪材料尺寸确定相应型号的剪床加工。剪切较薄，且弯曲度大、尺寸窄小的带料钢材，用普通剪床加工易将手带进刀口内；禁止在机器运行过程中将手伸入模具空间。

2. 案例二

事故经过：6 月 27 日，某车间冲压工李某某操作冲床，发现有连冲现象后，立即请机修工张某某（男，50 岁，机修五级工）检修。经检查发现设备内弹簧断裂（长约 50 mm）。因厂内暂无备件，张某某竟将弹簧拉长后继续使用。修复后，李某某启动冲床运行感觉太紧，28 日上班后仍请张某某修理。张某某在没有切断电源的情况下蹲下身去校验弹簧，将左手搭在模具一角（误以为是搭在冲床台面上），右手持扳手校验弹簧。由于扳手打滑，碰击在脚踏开关上，造成冲头启动下降，致张左手小拇指被冲断三节。

事故原因：检修工人校验弹簧时，未切断电源违反了工厂设备检修时应切断电源的规定；检修工人手搭放位置不当，左手放在模具内，带来了危险因素。

事故教训：检修作业时应切断电源再进行作业，并保证手未进入模具空间。

（三）应急处置措施

发现机械伤害事故，首先要尽快查看伤员伤势，在伤势不明的情况下，不可随便移动伤员，等专业救护人员到来后再根据伤员的具体症状进行施救。

（1）第一发现人立即大声发出"设备急停"口令，操作工按下设备急停开关。

（2）现场处置小组检查受伤人员情况，如有外伤，现场处置小组成员使伤者脱离危险区域，并将伤者转移至安全区，采取扎绷带等止血措施；若伤情严重，事故第一发现人应立即拨打120急救电话或送就近医院救治，并进行简单的处理。

① 如有断肢情况，及时用干净毛巾、手绢、布片包好，放在无裂纹的塑料袋或胶皮袋内，袋口扎紧，不得在断肢处涂抹酒精、碘酒及其他消毒液。

② 若肢体骨折，尽量使伤者平躺于地面，以免骨折部位受到挤压，避免不正确的抬运，若发生呼吸困难者，要解开腰带、衣扣，采用人工呼吸等方法进行抢救。

③ 如有肢体卷入设备内，立即切断电源，如果肢体仍被卡在设备内，不可用倒转设备的方法取出肢体，应拆除设备部件，无法拆除拨打119报警。

（3）班组长立即通知车间现场处置小组，报告事故现场情况，同时安排现场其他人员维护现场秩序、保护事故现场。

（4）当核实所有人员获救后，将受伤人员的位置进行标记或拍照，禁止无关人员进入事故现场，等待事故调查人员进行调查处理。

第四节　木工机械加工安全技术

木材加工是指通过刀具切割破坏木材纤维之间的联系，从而改变木料形状、尺寸和表面质量的加工工艺过程。进行木材加工的机械称为木工机械。木工机械种类多、使用量大，广泛应用于建筑、家具行业，工厂的木模加工、木制品维修等。

一、木工机械的分类和工作特点

木工机械是用切削方法将原木料加工成各种板料或需要的形状的机械设备。

木工机械上装卡切削刀具，进行相对运动，在相对运动中，刀具从工件表面去掉多余的材料，将工件分割成为符合预定技术要求的备用零件或成品。

（一）木工机械的分类

木工机械可分为木工手工提机和木工机床，二院在生产中只使用木工机床。根据《木工机床　型号编制方法》（GB/T 12448—2010），木工机床按加工性质可以分为13类：木工锯机（MJ）、木工刨床（MB）、木工铣床（MX）、木工钻床（MZ）、木工榫槽机（MS）、木工车床（MC）、木工磨光机（MM）、木工联合机（ML）、木工接合组装涂布机（MH）、木工辅机（MF）、木工手提机具（MT）、木工多工序机床（MD）、其他木工机床（MQ）。

二院常用的木工机床类型：木工锯机类（单锯片圆锯机、推台锯）、木工刨床类（平刨床、压刨床）和木工榫槽机类（数控燕尾榫开榫机）。

1. 木工锯机类（单锯片圆锯机、推台锯）

单锯片圆锯机属于圆锯机的一种，采用手工进给，如图3-8所示。圆锯机结构比较简单、效率高、类型多、应用广，是木材加工最基本的设备之一；推台锯（带移动工作台锯板机）属于锯板机的一种，采用手工进给，适用各种类型的板材，如图3-9所示。锯板机在加工精度、结构形式以及生产率等方面优于圆锯机，锯切表面平整、光洁，无须进一步精加工就可进入后续工序。

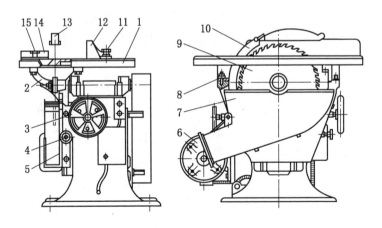

1—工作台；2—圆弧形滑座；3—手轮；4、8、11、15—锁紧螺钉；5—垂直溜板；
6—电动机；7—排屑罩；9—锯片；10—导向分离刀；12—纵向导尺；
13—防护罩；14—横向导尺

图3-8　单锯片圆锯机结构示意图

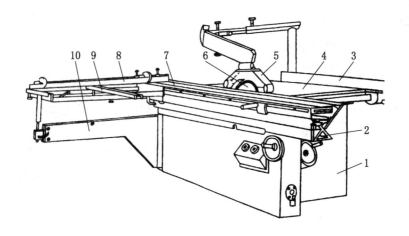

1—床身；2—支承座；3、8—导向靠板；4—固定工作台；5—防护及吸尘装置；

6—锯切机构；7—纵向移动工作台；9—横向移动工作台；10—伸缩臂

图 3-9　推台锯结构示意图

2. 木工刨床类（平刨床、压刨床）

在木材加工工艺中，刨床用于将毛料加工成具有精确尺寸和截面形状的工件，并保证工件表面具有一定的表面粗糙度。

手工进给平刨床只加工工件的一个表面，使被加工表面成为后续工序所要求的加工和测量基准面；也可以加工与基准面相邻的一个表面，使其与基准面成一定的角度，加工时相邻表面可以作为辅助基准面。所以，平刨床的加工特点是被加工平面与加工基准面重合。手工进给平刨床结构如图 3-10 所示。

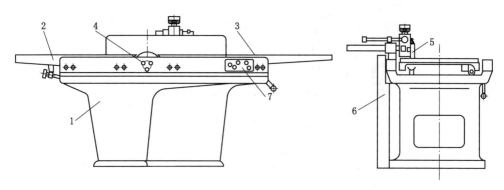

1—床身；2—后工作台；3—前工作台；4—刀轴；5—导尺；6—传动机构；7—控制装置

图 3-10　手工进给平刨床结构示意图

单面压刨床用于将方材和板材刨切为一定厚度，被加工平面是加工基准面的相对面。单面压刨床加工工艺如图 3 – 11 所示。

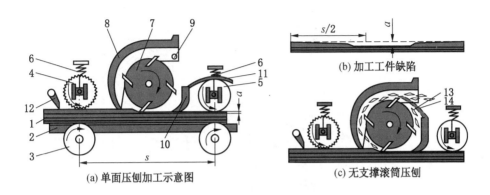

1—工件；2—工作台；3—支承滚筒；4—前进给滚筒；5—后进给滚筒；6—压紧弹簧；
7—刀轴；8—前压紧器；9—销轴；10—后压紧器；11、14—挡板；
12—止逆器；13—切屑

图 3 – 11 单面压刨床加工工艺图

3. 木工榫槽机类（数控燕尾榫开榫机）

在木制品生产中，零部件结合方式以榫结合较为普遍。榫结合是将榫头嵌入榫槽内的结合，制造榫头的过程称为开榫，所用加工机械为开榫机。燕尾榫榫头如图 3 – 12 所示。

数控燕尾榫开榫机是数控木工机床的一种，用数字和符号构成的数字信息来自动控制机床的运转。相比于传统的燕尾榫开榫机，数控开榫机具有如下优势。

（1）数控燕尾榫开榫机是自动化设备，加工速度快，加工精度高。加工后的榫头精度误差可以达到 0.05 ~ 0.1 mm，比常规设备加工精度有很大的提高。

（2）可加工不同角度、不同尺寸的榫头，加工调节方便。

（3）设备操作简单方便，只需要按照要求输入加工尺寸数字就可以完成加工。数控燕尾榫开榫机具有参数保存和调取功能，使用便捷。

（4）安全性能高，加工过程中工人不接触刀具，操作更加安全。

（二）木工机械的工作特点

1. 高速度切削

木工机床的切削线速度一般为 40 ~ 70 m/s，最高可达 120 m/s。一般切削刀轴的转速为 3000 ~ 12000 r/min，最高可达 20000 r/min。这是因为高速切削使切

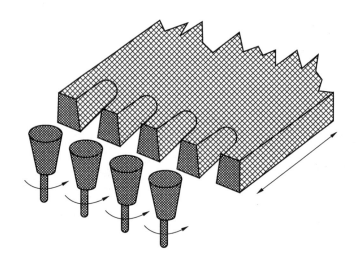

图 3 - 12　燕尾榫榫头示意图

屑来不及沿纤维方向劈裂就被切刀切掉，从而获得较高的几何精度和较低的表面粗糙度，同时保证木材的表面温度不会超过木材的焦化温度。高速切削对机床的各方面提出了更高的要求，如主轴部件的强度和刚度要求较高；高速回转部件的静、动平衡要求较高，要用高速轴承，机床的抗振性能要好，以及刀具的结构和材料要适应高速切削等。

2. 有些零部件的制造精度相对较低

除一些高速旋转的零部件外，由于木制品的加工精度一般比金属制品的加工精度低，所以机床的工作台、导轨等的平行度、直线度以及主轴的径向圆跳动等要求要比金属切削机床低。但这只是相对而言，对于高速旋转的刀轴和微薄木旋切机，制造精度要求很高，并且随着木制品的加工精度和互换性要求的提高，木工机床的制造精度正在逐步提高。

3. 木工机床的噪声水平较高

受高速切削和被切削材料性能的影响，木工机床的噪声水平一般较高。其主要噪声来源：一是高速回转的刀轴扰动空气产生的空气动力性噪声；二是刀具切削非均质的木材工件产生的振动和摩擦噪声以及机床运转产生的机械性噪声。一般在木材加工的制材和家具车间产生的噪声可达 90 dB（A），裁板锯的噪声可高达 110 dB（A），严重影响工人的身心健康。工业噪声污染日益受到人们的重视。国际卫生组织规定，木工机床中的锯、铣类机床的空转噪声要低于 90 dB（A），其他类机床的空转噪声水平不得高于 85 dB（A），否则，该产品为不合格产品，不准出厂。

4. 木工机床一般需要排屑除尘装置

由于木材的硬度不高，在加工过程中，刀具与工件之间产生的摩擦热小，即使高速切削，也不易出现刀具过热而产生变形或退火现象。另外，木制品零部件的特点决定了它不能在加工过程中被污染，所以木工机床一般不需要冷却装置。但其在加工过程中产生大量易燃的锯末、刨花，需要及时排除，所以一般木工机床都应配有专用的排屑除尘装置。

二、木工机械作业危险和有害因素识别

由于木工机械具有刀轴转速高、多刀多刃、手工进料、自动化水平低，加之木工机械切削过程中噪声大、振动大、粉尘大、作业环境差等原因导致木工机械事故发生。根据《企业职工伤亡事故分类》（GB 6441—1986），木工机械作业中可能发生的主要事故类型为机械伤害、触电、火灾、其他爆炸。

（一）导致机械伤害事故的危险和有害因素

机械伤害主要包括刀具的切割伤害、木料的冲击伤害、飞出物的打击伤害，这些是木材加工中常见的伤害类型。如由于木工机械多采用手工送料，当用手推压木料送进时，往往遇到节疤、弯曲或其他缺陷，而使手与刀刃接触，造成伤害甚至割断手指；作业时衣服卷入转动部位；作业时未正确穿戴劳动防护用品；锯切木料时，剖锯后木料向重心稳定的方向运动；木料含水率高、木纹、疖疤等缺陷而引起夹锯；加工过程中在刀具水平分力作用下，木料向侧面弹开；经加压处理变直的弯木料在加工中发生弹性复原；刀具自身有缺陷（如裂纹、强度不够等）；刀具安装不正确，如锯条过紧或刨刀刀刃过高；防护装置损坏；加工过程中有钉子、废旧木料等杂物等。

（二）导致触电事故的危险和有害因素

触电形式主要包括直接触电和间接触电。如检修前未切断电源；带电检修时未与带电体保持安全距离或未采取相应的绝缘保护措施；绝缘失效或老化，导致漏电；屏护装置损坏；金属外壳保护接零或保护接地失效；漏电保护器失效；接地状况不良等。

（三）导致火灾事故的危险和有害因素

火灾伤害主要包括烧伤、烫伤、烟气中毒、窒息等，火灾危险存在于木工作业全过程。如木工作业场所有明火；木工作业场所有易燃易爆品；木工机械润滑不足，摩擦起火；刨花、锯末或木材粉尘靠近火源堆垛；机器线路老化或短路引起火等。

（四）导致其他爆炸事故的危险和有害因素

其他爆炸事故主要由悬浮在木工作业场所中与空气混合的木材粉尘遇火源或热表面引起。如木工作业场所有明火；木工作业场所有易燃易爆品；粉尘收集系统风量过小或失效，未及时将产生的粉尘吸走，粉尘与空气混合达到爆炸极限等。

三、木工机械的安全技术与防护

针对危险和有害因素，一般采取技术措施、管理措施、个体防护相结合的方法进行消除或控制。

（一）技术措施

《木工机床　安全技术规范》（GB 12557—2024）要求在机床的设计和结构上，应考虑最大限度地除去危险和限制风险。木工机械通过控制和指令装置、机械危险的防护和非机械危险的防护实现安全。

1. 控制和指令装置

1）能源的切断装置

木工机床上应有能与动力源断开的技术措施和释放残余能量的措施。切断机床能量的装置设置应能使操作人员清楚地识别。如果重新闭合能源与机床的连接会对人员造成危险，则该装置在断开位置上应是能锁住的。如果机床的能源由插头/插座提供，必须切断该插头/插座。

2）符合安全要求的操纵器

木工机床上的操纵器是控制木工机床运转的装置，操纵器分为手控操纵器和脚控操纵器。

（1）手控操纵器。手控操纵器应使用方便、不应夹手，操作时不应使手和其他零部件碰撞。操作变位机构应设有可靠的定位器，防止其自行移动。自动化机床和程序化机床，必须装有辅助的手控操纵器。手控操纵器可分为手轮、操纵杆、操作曲柄、按键、按钮、旋钮、扳钮开关等，具体介绍如下：

① 手轮。木工机床上的手轮需要满足以下条件：

a）圆周速度超过 50 m/min 或转速超过 20 r/min，旋转轴上的手轮必须通过离合器与旋转轴脱开；

b）运动件作直线运动时，顺时针转动手轮（操作者面对手轮轴端），运动件的运动方向应为向右、离开操作者或向上；

c）运动件作回转运动时，顺时针转动手轮（操作者面对手轮轴端），运动件应作顺时针方向回转；

d）运动件作径向运动时，顺时针转动手轮（操作者面对手轮轴端），运动件应向中心方向运动。

②操纵杆。操纵杆的扳转角度应在30°~60°内，最大不得超过90°。

③操作曲柄：

a）圆周速度超过50 m/min或转速超过20 r/min，旋转轴上的手轮必须通过离合器与旋转轴脱开；

b）运动件作直线运动时，曲柄两极限位置的连线大致平行于运动件的轨迹，曲柄的操作方向应与运动件的运动方向一致；

c）运动件作回转运动时，曲柄的回转平面应与运动件的回转平面平行、曲柄的操作方向应与运动件的回转方向一致。

④按钮和按键。按钮和按键的尺寸大小的要求见表3-5。

表3-5　按钮和按键尺寸要求表

操纵方式	按钮和按键基本尺寸		按动行程/mm	按动频率/（次·min⁻¹）
	圆钮或圆键直径/mm	方钮或方键长×宽/（mm×mm）		
用食指按动按钮	3~5	10×5	<2	<2
	10	12×7	2~3	<10
	12	18×8	3~5	<10
	15	20×12	4~6	<10
用拇指按动按钮	30		3~8	<5
用手掌按动按钮	50		5~10	<3
手指按动按键	10		3~5	<10
	15		4~6	<10
	18		4~6	<1
	18~20		5~10	<1

⑤旋钮。旋钮的尺寸大小要求见表3-6。

表3-6　旋钮尺寸要求

操纵方式	旋钮（最大）直径/mm	旋钮厚度/mm
指尖捏握	10~100	12~25
指握	35~75	≥15

⑥ 扳钮开关。用手指操纵的扳钮开关，转换开关的柄部应为圆柱形、圆锥形或棱柱形。圆锥形柄部大径应朝外，且柄的外端呈球形。双位转换开关从一个位置扳到另外一个位置的角度不得超过 40°～90°范围，三位转换开关为 30°～50°。

（2）脚控操纵器。脚控操纵器表面应粗糙或带有网纹，推荐其宽度不小于 80 mm，移动行程为 45～70 mm。起动机床脚踏板的操纵力不超过 40 N，并必须采取防止偶然踏到产生动作的防护措施。

3）符合安全要求的启动控制、正常停止控制

（1）启动控制。木工机床的启动应能通过人员主动操作相应的启动操纵器来实现。木工机床主运动的接通不迟于进给运动。有多个启动操纵器的机床，若相互操作可能产生危险，必须设有附加装置，使得一处启动操纵器起作用时，其他的启动操纵器就不能作用。

（2）正常停止控制。木工机床的正常停止应能通过人员主动操作相应的正常停止操纵器来实现。机床停止装置的操作不会引起危险操作，木工机床的进给运动断开不迟于主运动的断开。机床停止后应切断其传动的能量。

4）紧急停止装置

紧急停止装置（急停装置）用于阻止或降低正在发生的对人员、机械或正在进行中的工作的损害。急停装置的类型可以是易被手掌操作的按钮，线、绳、杆、手柄，无保护罩的脚踏板（无法采用其他类型时）。急停装置设置在使操作者与其他需要操作急停装置的人员能直接触及且无危险的操作的地方。

5）动力源故障或控制电路故障

应对机床的电源中断、电源中断后重新启动或者是电压的波动等导致的危险进行适当防护。控制逻辑电路的错误，或者电路故障或损坏也都不应导致危险。

2. 机械危险的防护

1）刀夹和刀具的结构

所有刀具、刀轴及它们的连接部分应用与其使用情况相适应的材料制造，即必须能承受最高转速的许用应力、切削应力和制动过程的应力。旋转的刀具，除钻头外应作出最高许用工作转速的标记。

刀具、刀夹和刀体应可靠地固定在机床上，启动、运转和制动时不会松脱。在手动进给的机床上应限制刀片伸出刀体的伸出量。在安装、调整刀具时，可能引起转动而伤害刀具主轴，制造者必须制定安全措施对此进行防护。

2）制动系统的安全要求

若刀具主轴在惯性运转过程中存在与刀具的接触危险，则机床上应装有一个自动制动器，使刀具主轴在足够短的时间内停止运动。足够短的时间是指小于10 s 或小于启动时间，但不得超过具体机床标准中规定的时间（对于启动时间大于 10 s 的刀具主轴）。

3）将抛射的可能性和影响降低到最小的装置

抛射是指工件、工件的零件或机床的零件在加工中被意外抛出机床。在存在抛射风险的机床上，必须设有相应的安全防护装置，保证能防护机床的整个工作范围和承受材料的冲击力。例如：在圆锯机上采用分料刀（导向分离刀），如图 3－8 所示；在压刨床上采用止逆器，如图 3－11 所示。

4）工件的支撑和导向

对于手动进给的机床，工件的加工必须通过工作台、导向板等来支撑和定位。工作台用来保证工件的安全进给，导向板保证工件进给过程中的正确位置。推台锯的工作台和导向板如图 3－9 所示。

5）进入机床运动零部件的防护

（1）手动进给机床上防止与刀具接触的防护装置。在刀具的切削范围内应加以防护，可以采取的防护形式有可调式防护装置、自调式防护装置、触发装置、无切削区的固定式防护装置、可拆卸的进给装置等。下面介绍航天二院木工机械上设置的防护装置。

① 可调式防护装置。该装置是指可根据使用加工需要，手动调节位置、高度、宽窄的防护装置。单锯片圆锯机可调式防护装置和平刨床可调式防护装置分别如图 3－13 和图 3－14 所示。

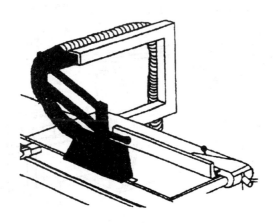

图 3－13　单锯片圆锯机可调式防护装置示意图

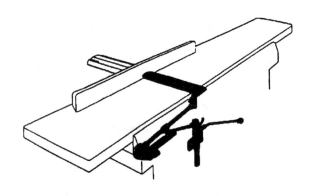

图 3-14　平刨床可调式防护装置示意图

② 无切削区的固定式防护装置。机床加工中无切削发生的区域，若不要求操作者进入，使用固定式防护装置保证安全。一般使用安全罩、安全网等将无切削区罩住。

（2）机械进给机床上的安全措施。刀具和进给辊、输送链、移动工作台等进给机构必须被安全防护。可以采用固定式防护装置、活动式防护装置、可调式防护装置或自调式防护装置、全封闭的防护或栅栏式防护装置一种或几种组合。

① 活动式防护装置（联锁防护装置）。活动式防护装置一般通过触发装置与机床的动力系统相连。机床在运转时，打开活动式防护装置，机床会停止运转；再次关闭活动式防护装置，机床会再次运转。

② 全封闭的防护。用封闭的罩子将切削区完全包覆，不设活动门、活动窗，操作人员只能通过观察窗检查加工情况。全封闭的防护如图 3-15 所示。

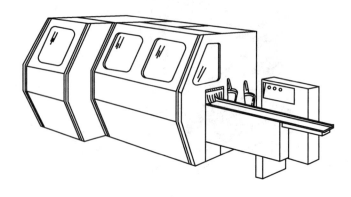

图 3-15　全封闭的防护示意图

③ 栅栏式防护装置。栅栏式防护装置一般设置在机床外围，防止加工过程中操作人员和其他人员受到伤害。栅栏式防护装置如图 3 – 16 所示。

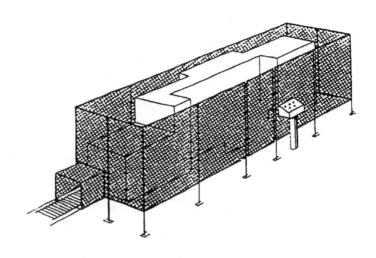

图 3 – 16　栅栏式防护装置示意图

6）夹紧装置的安全要求

机械进给的机床一般设有夹紧装置，控制系统必须保证能量保持在夹紧装置中。夹紧工件后，机床加工部分才能开始工作。

7）安全附件

安全附件是指不和机床连在一起的额外装置，帮助操作者安全地进给工件。如在手动进给圆锯机上采用的推棒或推块，平刨床上采用的推块，如图 3 – 17 所示。

3. 非机械危险的防护

1）火灾和爆炸

由于出现加工材料和粉尘的堆集，现场存在点火源而导致燃烧和爆炸的危险。

（1）防止加工材料和粉尘的堆集。阻止和减少粉尘和木屑堆集在机床上或机罩内，应采取措施有效地从机床上收取粉尘和木屑。可以采取装设一个吸尘系统和收集系统，吸尘罩、导风板、输送管和机床吸尘系统中的其他零件应处于安全的位置，使粉尘和木屑能输送到吸收连接管中去。圆锯机的吸尘系统和收集系统如图 3 – 18 所示。

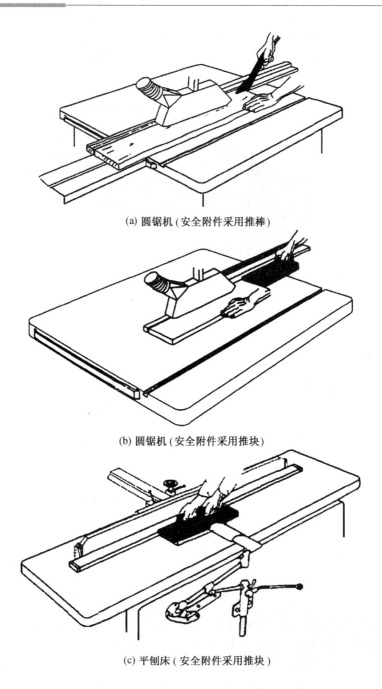

(a) 圆锯机 (安全附件采用推棒)

(b) 圆锯机 (安全附件采用推块)

(c) 平刨床 (安全附件采用推块)

图 3-17 木工机床上采用的安全附件示意图

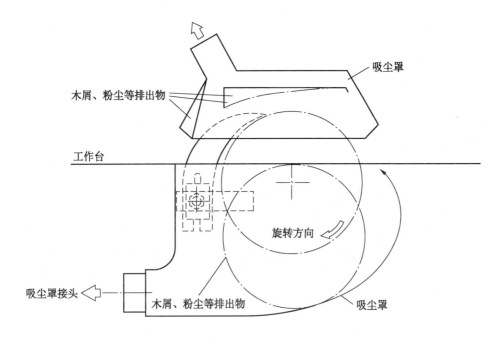

图 3-18　圆锯机的吸尘系统和收集系统示意图

（2）防止点火源。可以通过安装较厚的外壳、增加机床润滑或设置冷却装置给机床降温等方式，减小加工中产生的粉尘和木屑与热表面接触的可能。

2）触电

木工机床上的电气设备满足电击防护（外壳防护、绝缘防护、残余电压防护、故障防护等）、短路保护、过载保护、接地保护等要求。

（二）管理措施

管理措施包括设置操作指示符号和安全标志、制定安全生产规章制度和安全操作规程、开展安全生产教育培训、进行经常性的安全生产检查等。

1. 设置操作指示符号和安全标志

木工机床的操作指示形象化符号应符合《木工机床　操作指示形象化符号》（GB/T 10961）的规定。木工机床上使用的安全色和安全标志分别符合《安全色》（GB 2893）、《安全标志及其使用导则》（GB 2894）和《安全生产环境标识规范》（QJB 255）的规定。

2. 制定安全生产规章制度和安全操作规程

（1）制定安全生产规章制度。依据国家有关法律法规、国家标准和行业标准，结合各单位的生产条件、作业危险程度及具体工作内容，以各单位名义颁发的有关安全生产的规范性文件。在长期的生产经营活动过程中积累的大量风险辨识、评价、控制技术以及生产安全事故教训的积累等，只有形成生产经营单位的规章制度才能保障从业人员安全与健康。

（2）制定安全操作规程。根据现行国家标准、行业标准和规范、木工机床的使用说明书、木工机床设计和制造资料、生产安全事故教训、作业环境条件、安全生产责任制等制定安全操作规程。安全操作规程应包含的内容：操作前的准备、劳动防护用品穿戴要求、操作的先后顺序和方式、设备状态、人员所处位置和姿势、作业中禁止的行为、特殊要求、异常情况的处理等。

3. 开展安全生产教育培训

加强从业人员的安全生产教育培训，提高生产经营单位从业人员对作业风险的辨识、控制、应急处置和避险自救能力，提高从业人员安全意识和综合素质，是防止发生不安全行为、减少人为失误的重要途径。作业人员经过安全生产教育培训并考核合格后才能上岗。

4. 进行经常性的安全生产检查

安全生产检查是指对生产过程及安全管理中可能存在的隐患、危险与有害因素、缺陷等进行查证，以确定隐患或危险与有害因素、缺陷的存在状态，以及消除或限制它们的技术措施和管理措施有效性，确保生产的安全。安全生产检查一般检查作业人员、仪器设备、管理、作业环境等方面。

1）作业人员检查

（1）工作前检查。检查操作人员是否将火源带入厂房、是否按规定穿戴好劳动防护用品、是否对木工机床各部件和安全防护装置进行检查并填写检查记录、是否对被加工的木料进行检查、是否开启通风除尘装置等。

（2）工作中检查。检查操作人员是否位于安全位置进行作业、是否在正式作业前对木工机床进行空转测试、是否按照操作规程进行操作等。

（3）工作后检查。检查操作人员是否关闭木工机床电源、是否清理机床上和机床附近木屑和杂物、是否按要求对木工机床进行保养并填写保养记录等。

2）设备设施检查

检查木工机床各部件和安全防护装置是否完好、木工机床电气保护装置是否完好、设备润滑情况是否良好等。

3）管理检查

检查厂房内的规章制度是否能放置在明显位置、各类人员填写的安全检查记录和木工机床的检查维修记录是否齐全。

4）作业环境检查

检查安全标志和警示线等是否能清晰识别、疏散走道是否保持畅通、消防器材是否在有效期内、地面是否保持干净整洁、木料码放是否符合消防要求、木屑和粉尘是否处理得当等。

（三）个体防护措施

当采取技术措施和管理措施不能完全消除危险因素对人体的危害时，只能通过加强个体防护的措施实现安全。个体防护装备（劳动防护用品）是指从业人员为防御物理、化学、生物等外界因素伤害所穿戴、配备和使用的护品总称。

木工作业中常用的个体防护装备分类有头部防护用品、眼面防护用品、听力防护用品、呼吸防护用品、躯体防护用品和足部防护用品等。

1. 头部防护用品

木工作业中头部防护用品主要使用工作帽。工作帽是防御头部脏污、擦伤、长发被绞碾等伤害的头部防护用品。

2. 眼面防护用品

木工作业中眼面防护用品主要使用防冲击护目镜。防冲击护目镜是防御铁屑、灰砂、碎石等物体冲击伤害的眼面防护用品。

3. 听力防护用品

木工作业中产生的噪声较大，主要使用耳塞、耳罩等具有降低噪声危害的听力防护用品。

4. 呼吸防护用品

木工作业中产生的木屑和粉尘较大，主要使用自吸过滤式防尘口罩和可更换式面罩。自吸过滤式防尘口罩是靠佩戴者自主呼吸克服部件阻力，用于防尘的过滤式防护用品。可更换式面罩是由单个或多个可更换过滤器组成的面罩。

5. 躯体防护用品

木工作业中躯体防护用品主要使用一般防护服。一般防护服是防御普通伤害和脏污的躯体防护用品。

6. 足部防护用品

木工作业中足部防护用品主要使用职业鞋和防刺穿鞋。职业鞋是具有保护特征、未装有保护包头的鞋，用于保护穿用者免受意外事故引起的伤害。防刺穿鞋是防御尖锐物刺穿鞋底的足部防护用品。

四、木工机械常见事故分析、典型案例及应急措施

（一）事故分析

木工机械加工作业中可能发生的主要事故类型为机械伤害、触电、火灾、其他爆炸。

（二）典型事故案例

1. 案例一

事故经过：某车间三级木工霍某某（男，26 岁）制作存放凿子的小木盒，用推台锯操作仅有 32.4 cm 长只需要锯掉 1.5 cm 的料。因霍某某精神不集中，左手推料的拇指肚与锯片在同一直线上，木料推过后霍某某左手拇指被锯掉一节。

事故原因：霍某某违反工厂有关工种安全操作规程中的"加工小于 40 cm 长度的木料严禁使用推台锯"的规定。

事故教训：这是一起因人的不安全行为引起的事故，作业人员必须熟悉工种或设备的安全操作规程并严格按照安全操作规程进行作业。

2. 案例二

事故经过：某车间木工龚某某（男，27 岁）在 CQ - 6 木工平刨上加工抽屉面板时，当刨过第一刀后，手未拿稳，木板掉落。龚某某用右手去抓木板时，手碰刨刀，致使龚某某右手食指受伤。

事故原因：已安装好的平刨床安全防护装置被弃置在一旁，平刨床缺少了安全防护装置。作业人员为转岗人员，变动工作岗位后未进行岗位安全教育，缺乏对意外情况的处置能力。场地巡查人员在安全检查中未发现已存在的隐患，反映出人员安全意识低。平刨床的不安全状态是失去了应有的安全防护装置和安全管理不到位等因素共同作用造成的。

事故教训：这是一起物的不安全状态和人的不安全行为共同引起的事故，所有的安全装置都是为了保护操作者生命安全和健康而设置的，不是妨碍操作的障碍。不得私自拆除安全装置，发现安全装置损害要及时报修。人员安全意识低是造成伤害事故的思想根源，新员工、转岗或复工人员必须接受新岗位安全教育，掌握必要的安全知识。

（三）应急措施

1. 机械伤害事故应急措施

发现事故后，首先要尽快查看伤员伤势，在伤势不明的情况下，不可随便移动伤员，等专业救护人员到来后再根据伤员的具体症状进行施救。

（1）第一发现人立即大声发出"设备急停"口令，操作工按下设备急停开关。

（2）现场处置小组检查受伤人员情况，如有外伤，现场处置小组成员使伤者脱离危险区域，并将伤者转移至安全区域，采取扎绷带等止血措施；若伤情严重，事故第一发现人应立即拨打120急救电话，并进行简单的处理。

① 如有断肢情况，及时用干净毛巾、手绢、布片包好，放在无裂纹的塑料袋或胶皮袋内，袋口扎紧，不得在断肢处涂抹酒精、碘酒及其他消毒液。

② 若肢体骨折，尽量使伤者平躺于地面，以免骨折部位受到挤压，避免不正确的抬运；若发生呼吸困难者，要解开腰带、衣扣，采用人工呼吸等方法进行抢救。

③ 如有肢体卷入设备内，立即切断电源，如果肢体仍被卡在设备内，不可用倒转设备的方法取出肢体，应拆除设备部件，无法拆除拨打119报警。

（3）班组长立即通知现场处置小组，报告事故现场情况，同时安排现场其他人员维护现场秩序、保护事故现场。

（4）当核实所有人员获救后，将受伤人员的位置进行标记或拍照，禁止无关人员进入事故现场，等待事故调查人员进行调查处理。

2. 触电事故应急措施

发现事故后，首先要切断电源，将伤员与带电体分离。尽快查看伤员伤势，在伤势不明的情况下，不可随便移动伤员，等专业救护人员到来后再根据伤员的具体症状进行施救。

（1）触电者未失去知觉的救护措施。应让触电者在比较干燥、通风暖和的地方静卧休息，并派人严密观察，同时请医生前来或送往医院诊治。

（2）触电者已失去知觉但尚有心跳和呼吸的抢救措施。应使其舒适地平卧着，解开衣服以利呼吸，四周不要围人，保持空气流通，冷天应注意保暖，同时立即请医生前来或送医院诊治。若发现触电者呼吸困难或心跳失常，应立即实施人工呼吸及胸外心脏按压。

（3）当核实所有人员获救后，将受伤人员的位置进行标记或拍照，禁止无关人员进入事故现场，等待事故调查人员进行调查处理。

3. 火灾事故应急措施

当发生火灾时，要根据火灾的严重程度及时采取相应措施。

（1）火灾发生时，现场人员应沉着冷静，立即通知应急处置小组并拨打119火警电话。

（2）初起火灾时，现场人员应及时扑救，并立即上报领导。火势较大时，现场人员不得冒险进行扑救，应采取必要措施后立即撤离现场。

（3）果断采取相应措施，控制火势、疏散人员，关闭区域内所有门窗，并切断电源，配合消防人员掌握现场情况及人员情况。

（4）当核实所有人员获救后，将受伤人员的位置进行标记或拍照，禁止无关人员进入事故现场，等待事故调查人员进行调查处理。

4. 其他爆炸事故应急措施

（1）发生爆炸时，现场员工应迅速利用掩蔽物保护自己，或手抱头蹲下及卧倒在地，防止冲击波伤及自身，冲击波过后迅速脱离现场并立即向应急处置小组报告。

（2）立即疏散无关人员；抢救伤员，迅速送就近医院救治；保护现场，做好警戒，维持通信和交通畅通等。

（3）在确保应急人员人身安全的前提下，组织应急救援人员从远处使用消防水枪对发生爆炸及周边的设备设施进行灭火及喷淋、冷却。

（4）当核实所有人员获救后，将受伤人员的位置进行标记或拍照，禁止无关人员进入事故现场，等待事故调查人员进行调查处理。

第五节　其他机械加工安全技术

一、其他机械加工危险有害因素识别

（一）自动弯管机危险有害因素

根据《企业职工伤亡事故分类》（GB 6441—1986），使用通用智能转运设备进行转运作业时可能发生的主要事故类型为机械伤害、触电、火灾。

1. 导致机械伤害事故的危险有害因素

机械伤害主要包括旋转机构伤害、起升机构伤害、钢管与人体的碰撞伤害等。

2. 导致触电事故的危险有害因素

触电形式主要包括直接触电和间接触电。如线路破损；绝缘失效或老化，导致漏电；屏护装置损坏；金属外壳保护接零或保护接地失效；漏电保护器失效；接地状况不良等。

3. 导致火灾事故的危险有害因素

火灾事故主要包括电机严重过载、频繁启动关闭电机、电机维护不良、线路老化等。

（二）3D打印作业危险有害因素

3D打印作业时可能发生的主要事故类型为机械伤害（如夹伤或割伤）、灼烫伤害（如烧伤）、火灾、中毒和窒息（纳米粒子或者有害烟雾、材料毒性）、爆炸、触电。

1. 机械伤害（如夹伤或割伤）

3D打印机本质上是机械设备。它的运动系统包括步进电机、履带和滑轮。

当这些设备运行时，所有的运动都会增加使用者被 3D 打印机夹伤的风险。打印机会无意识地遵循软件给出的关于移动位置和移动速度的代码。虽然有些机器配置了闭环系统，能够检测碰撞并以适当方式做出反应。然而，大多数 3D 打印机仍然使用开环系统来创建运动方向，并且许多桌面 3D 打印机使用开放式龙门结构，因此在机器运行时将手指伸入非常容易被夹伤。

另外，部分 3D 打印机需要使用刮刀将模型从热床上铲下来，这就伴随着因用力过猛被刮刀割伤的风险。锋利的刮刀边缘和刀片上的污染物会导致伤口感染，因此不可掉以轻心。此外，从打印件中拆除支撑也会有被割伤的风险。

2. 灼烫伤害（如烧伤）

大多数 3D 打印机的工作温度非常高，如在最常见的 FF 系统中，热端温度可以达到 300 ℃，而金属 3D 打印机的温度会更高。在没有充分冷却的情况下接触热端很大可能会有被烫伤的风险。虽然许多已经配置了高温提醒功能，但是仍有大部分廉价机型仍然存这一风险。另外，除了热端以外，热床和打印件的温度状况也值得注意。

3. 火灾

虽然 3D 打印机发生火灾概率不大，但 3D 打印机着火的案例确实存在。在某些情况下，3D 打印机的热量会引起火灾；同时也有其他异常情况，如易燃材料掉入开放式龙门机器中，或者固件故障不断加热热端直到熔化并着火。现在许多产品对这些问题都有保护措施，如在发生故障时自动关机。其中一种保护措施称为热失控，旨在防止打印机着火。当打印机温度读数和加热器断开连接时，可能会达到危险温度，成为火灾隐患。热失控通过跟踪热端温度并及时关闭打印机来防止这种情况发生。

4. 中毒和窒息（纳米粒子或者有害烟雾、材料毒性）

纳米粒子是指在操作过程中散发的极微小 3D 打印材料粒子。在使用 3D 打印时，会产生超细微粒的逸散物与有害气体，可能导致身体不适并引起不良的炎症反应，唯有严格执行控制防护措施，才能让从业人员免于职业危害风险。大多数熔融沉积成型（FDM）3D 打印机器常用的材料，包括实体材料和支撑材料。实体材料主要以热塑性塑料为主，包括丙烯腈 - 丁二烯 - 苯乙烯共聚物（acrylo-nitrile butadiene styrene，以下简称 ABS）和聚乳酸（polylactic acid，简称 PLA）等。3D 打印过程使用这些热塑性线材，通过 200 ℃ 左右的高温喷嘴喷出，会产生粒径小于 0.1 μm 超细颗粒和气态污染物。3D 打印产生的超细微粒，会诱导人气道上皮细胞的细胞死亡和氧化反应，导致呼吸道症状并引起不良的炎症反应、过敏性鼻炎、气喘增加；超细微粒进入到肺的肺泡区域或进入血液循环，进而流入人体各器官（如骨髓、脾脏和心脏），必将对健康构成更强烈的威胁。热塑性塑料（如 ABS 线材）在非常高的温度下热分解的主要气相产物，包括一氧化碳、氰化氢及各种挥发性有机物，如丙烯腈、1,3－丁二烯和苯乙烯，研究证明暴露于这些气相产物均具有毒性作用，过量接触可能导致眼睛、鼻子和喉咙发炎、头痛以及失去协调感和恶心。

此外，几乎所有 3D 打印机树脂都有一定程度的毒性，因此在处理树脂 3D 打印机及材料时使用丁腈手套。偶尔有树脂接触皮肤不会有太大影响，洗去即可，但长期接触可能会对身体的免疫系统造成伤害。

5. 爆炸

理论上说，3D 打印机爆炸的概率非常低，但一些 3D 打印材料如果处理不当确实会引发爆炸。以工业 3D 打印机使用的细粉为例，活性金属粉末（如铝粉、钛粉等）就具有爆炸性。例如，钛这种流行的 3D 打印金属材料，如果粉末充分加热就会爆炸，这种粉末处理不当导致的爆炸还会引发结构火灾。

6. 触电

3D 打印机电器安全是一个不容忽视的问题。电源电压或者机械静电有时会从 3D 打印机溢出到整个金属框架。前者发生的原因可能是：接地连接错误，电源中的滤波电容器出现故障，无法将电压转储到地面；电源线丢失并与 3D 打印机框架接触。另外，部分 3D 打印机使用电源电压床加热器来缩短加热时间。这缩短了加热时间，但由于电源线周围潜在的电线，并且电线随着时间的推移会疲劳，从而增加了风险。

（三）钳工作业危险有害因素

钳工作业的主要内容包括铣削、锉削、锯切、钻削、攻丝和套丝、刮削、研磨、装配等，主要使用的机械设备为台钻、砂轮机，主要使用的工具为锉刀、刮刀、手持电动工具、铰刀、台虎钳，可能发生的主要事故类型为机械伤害、物体打击、触电以及其他伤害（职业病、划伤）。

1. 机械伤害

操作人员作业时随身衣物不合身并未束紧、戴手套操作、长头发未塞入帽子中或使用手清理碎屑导致肢体卷入。

2. 物体打击

台钻工作时零件固定不坚固，在台钻的驱动下零件飞出伤人；作业时产生的切削碎屑会飞入眼中；加工装配大型工件时放置不平稳导致工件掉落砸伤作业人员；台虎钳未固定在桌面上进行使用导致掉落。

3. 触电

台钻接地不好或未进行接地以及照明灯线裸露，照明未采用安全电压，则可能发生触电伤害；手持电动工具漏电导致作业人员触电。

4. 其他伤害（职业病、划伤）

研磨、锉削、锯切过程中产生的粉尘可能会导致尘肺病；加工部分零件时工件的锐边、锐角可能划伤手。

（四）机械自动化生产线危险有害因素

机械自动化生产线是依靠机械系统按照设定的程序自动地进行加工、装卸、检验等，工人的任务仅是调整、监督和管理自动线，不参加直接操作。二院的机械自动化生产线主要由机械加工中心、AVG运送小车、机械臂、立体库等组成，虽然作业人员不参加直接操作，但是在作业过程中依旧会出现一些危险因素，可能导致的事故类型有机械伤害、物体打击等。

1. 机械伤害

工人误操作导致设备误启动或误运行导致设备伤人；在参数设置过程中参数错误或未进行试运行导致设备未按照理想的方式运行进而可能伤人；AVG小车运行过程中出现故障可能撞到作业人员。

2. 物体打击

运送零部件的机械臂起重时失灵，导致运输的零部件掉落，可能砸伤作业人员；立体库内的零部件摆放不稳定导致零部件掉落，可能砸伤作业人员。

二、其他机械加工的工作特点

（一）自动弯管机的工作特点

自动弯管机是一种新型的具有弯管功能及起顶功能的弯管工具。具有结构合理、使用安全、操作方便、装卸快速、一机多用等优点。结构及工作原理：自动弯管机由电动油泵、高压油管、快速接头、工作油缸、加紧装置、弯管部件组成，由电动油泵输出的高压油，经高压油管送入工作油缸内，高压油推动工作油缸内柱塞，产生推力，通过弯管部件弯曲管子。自动弯管机除了具有弯管功能外，还能卸下弯管部件作为分离式液压起顶机夹紧装置使用。

（二）3D打印机的工作特点

3D打印，也被称为增材制造（Additive Manufacturing），是一种快速成型技术。其工作原理主要是以数字模型文件为基础，使用可黏合材料如粉末状金属或塑料等，通过逐层打印的方式来构造物体。简单来说，如果把一件物品剖成极多的薄层，3D打印就是一层一层地将这些薄层打印出来，上一层覆盖在下一层上并与之结合在一起，直到整个物件打印成形。

3D打印是一种先进的制造技术具有生产效率高、生产成本较低、设计复杂性高、可实现高精度的打印等优点。3D打印技术具有独特的成型工艺,广泛应用于航空航天、生物医疗、工业生产、艺术设计等诸多领域。

(三)钳工作业的工作特点

钳工作业是机械制造中最古老的金属加工作业,是工人借助简单的工具进行加工或零件装配的工作。优点是钳工作业加工灵活,在不适于机械加工的场合适用;可加工形状复杂和高精度的零件;钳工作业所用工具和设备携带方便。但是钳工作业的生产效率低,劳动强度大。

(四)机械自动化生产线的工作特点

自动生产线是指由自动化机器体系实现产品工艺过程的一种生产组织形式。其特点是:加工对象自动地由一台机床传送到另一台机床,并由机床自动地进行加工、装卸、检验等;工人的任务仅是调整、监督和管理自动线,不参加直接操作。

三、安全技术与防护

针对危险有害因素,一般采取技术措施、管理措施、个体防护相结合的方法进行消除或控制。

(一)自动弯管机安全技术与防护

1. 安全技术措施

自动弯管机通过软件安全设计、机械危险的防护和非机械危险的防护实现安全。

1)软件安全设计

(1)弯管机操作软件应保证弯管机工作时不会对机器造成损坏。

(2)操作程序不能直接由用户重新编程。

2)机械危险的防护

(1)转臂、送进小车等运动部件。防护包括:①可靠的转臂(返回到初始位时)防止挤压人员的安全保护措施;②提供一个保持装置(对小车夹头);③提供一个机械限定装置(对送进小车);④机、电安全挡板是由机械挡板触发电信号令转臂停止的装置,安装在转臂的两侧面或转臂返回的内侧面,工作期间人员在危险区域触发挡板令转臂停止;⑤主油缸控制回路采用可靠措施防止转臂意外超程,与油泵的卸荷结合而使转臂可靠停止;⑥在送进小车的前后极限位置设置(带有缓冲装置)死挡铁,当送进小车意外超程时在极限位置强制停止,在极限位置还可与限位开关共同组成送进小车的可靠停止。

(2)夹持管件。带有送进小车的弯管机在工作过程中应保证小车夹头夹持管件可靠、有效。最大夹持力应满足管件处于最大负载力矩时管件不致倒下;当动力或控制信号中断时，夹爪依靠液压自锁或机械自锁继续保持有效夹紧管件。

（3）上料或下料机构。带有上料或下料机构的弯管机，应设计带有符合要求的防护栏，包括：①固定防护栏；②活动联锁防护栏。

（4）重要受力机构及零件、螺栓。弯管机的夹紧、压紧、弯曲等重要受力机构及零件、螺栓等，应有足够的强度及刚性，在工作中能可靠锁紧。操作调整的零件外部无锐边、尖角或突变的凸出，接近开关挡板等薄板零件去毛刺、倒角，以免划伤人员。

（5）整机刚性及强度。弯管机设计时应考虑到机器在满负荷、超负荷试验时所需足够的刚性及强度，不导致机器结构破坏，危及人身安全。

（6）液压系统。防护包括：①设有满足使用要求的安全阀；②每个需要调整压力的回路设置便于观察的耐震压力表；③工件的夹紧机构应有液压锁紧阀，防止系统失压而引起的工件松开或工件脱落危险；④液压阀、阀块、管接头固定可靠，易于调整维修，管路应采取预防措施以避免由热膨胀引起的管路损坏、泄漏；⑤液压泵启动后，应保证若不操作工作按钮，部件就不会运动（应设置液压泵的卸荷装置）；⑥液压系统中的液压缸、管路（硬管及软管）壁厚、接头应满足在最大压力（冲击）下不会引起破裂。

（7）急停装置。紧急停止功能应属于 0 类安全停止。急停后应停止包括弯管、送进、夹紧、进芯等一切具有危险的动作。

3）非机械危险的防护

（1）电柜的门锁应采用开门断电联锁装置。

（2）三相交流异步电机过载保护的每相导线应接入过载检测装置，过载保护装置动作时应发出报警信号。

（3）多种不同工作电压的导线在同一通道中走线时（如导线管、走槽线或电缆管道装置），导线都应符合最高电压的绝缘要求。

（4）有保护接地装置。

2. 管理措施

管理措施包括设置操作指示符号和安全标志、制定安全生产规章制度和安全操作规程、开展安全生产教育培训等。

1）设置操作指示符号和安全标志

自动弯管机上使用的安全色和安全标志分别符合《安全色》（GB 2893）和《安全标志及其使用导则》（GB 2894）的规定。

2）制定安全生产规章制度和安全操作规程

（1）制定安全生产规章制度。依据国家有关法律法规、国家标准和行业标准，结合各单位的生产条件、作业危险程度及具体工作内容，以各单位名义颁发的有关安全生产的规范性文件。在长期的生产经营活动过程中积累的大量风险辨识、评价、控制技术以及生产安全事故教训的积累等，只有形成生产经营单位的规章制度才能保障从业人员安全与健康。

（2）制定安全操作规程。根据现行国家标准、行业标准和规范、自动弯管机的使用说明书、自动弯管机的设计和制造资料、生产安全事故教训、作业环境条件、安全生产责任制等制定安全操作规程。安全操作规程应包含的内容：操作前的准备、劳动防护用品穿戴要求、操作的先后顺序和方式、设备状态、人员所处位置和姿势、作业中禁止的行为、特殊要求、异常情况的处理等。

3）开展安全生产教育培训

对操作弯管机的人员进行岗前培训，要求操作人员熟练掌握弯管机的使用方法。

3. 个体防护措施

对于弯管机作业时，应注意采取以下个体防护措施。

（1）头部防护用品。弯管作业中头部防护用品主要使用工作帽。工作帽是防御头部脏污、擦伤、长发被绞碾等伤害的头部防护用品。

（2）足部防护用品。作业中足部防护用品主要使用职业鞋和防刺穿鞋。职业鞋是具有保护特征、未装有保护包头的鞋，用于保护穿用者免受意外事故引起的伤害。防刺穿鞋是防御尖锐物刺穿鞋底的足部防护用品。

（3）手部防护用品。弯管机操作时不得佩戴手套，扎紧袖口、领口，站在安全位置进行上料和下料。

（二）3D打印作业安全技术与防护

1. 安全技术措施

针对3D打印作业常见的安全隐患，有针对性采取以下技术措施。

（1）使用外壳或各种屏障进行保护。

（2）拆除支撑结构时减缓动作幅度，或使用水溶性材料以及尽量减少支撑结构。

（3）确保3D打印机启用了热失控保护。

（4）将3D打印机远离窗帘等易燃材料，尽量放在金属表面上。

（5）尽量避免使用自组装3D打印机套件。

（6）确定打印机处于安全状态时再进行接触。

（7）让机器时刻处在监控之下，安装烟雾探测器并在附近放置灭火器。

（8）使用保护罩封闭设备，或者用空气过滤器来清除纳米颗粒，确保工作区域有良好通风。

（9）使用相对安全的材料（如 PLA 和 PETG），并尽量避免在不通风的地方使用 ABS 和尼龙。

（10）可以使用活性炭吸附 ABS 材料散发的有害气体，如苯乙烯。

（11）在使用树脂打印机及后处理过程时，采用安全的工艺工作流程，最大程度减少接触。

（12）在处理金属粉末时绝对遵循安全工作流程。

（13）使用惰性保护气体，改变制造过程时的气体氛围。

（14）选用带有保护装置的金属 3D 打印机。

（15）确保接地电源正常工作，或使用额外"接地"方式减少机械静电。

（16）将 2 针插头连接到 3 针插头。

（17）保持环境湿度在 20%～30% 之间，降低静电。

（18）购买带有封闭式电源的 3D 打印机，并连接到普通直流电源插座。

2. 管理措施

管理措施包括设置操作指示符号和安全标志、制定安全生产规章制度和安全操作规程、开展安全生产教育培训等。

1）设置操作指示符号和安全标志

3D 打印机所使用的机械设备上使用的安全色和安全标志分别符合《安全色》（GB 2893）和《安全标志及其使用导则》（GB 2894）的规定。

2）制定安全生产规章制度和安全操作规程

（1）制定安全生产规章制度。依据国家有关法律法规、国家标准和行业标准，结合各单位的生产条件、作业危险程度及具体工作内容，以各单位名义颁发的有关安全生产的规范性文件。在长期的生产经营活动过程中积累的大量风险辨识、评价、控制技术以及生产安全事故教训的积累等，只有形成生产经营单位的规章制度才能保障从业人员安全与健康。

（2）制定安全操作规程。根据现行国家标准、行业标准和规范、3D 打印机的使用说明书、3D 打印机的设计和制造资料、生产安全事故教训、作业环境条件、安全生产责任制等制定安全操作规程。安全操作规程应包含的内容：操作前的准备、劳动防护用品穿戴要求、操作的先后顺序和方式、设备状态、人员所处位置和姿势、作业中禁止的行为、特殊要求、异常情况的处理等。

3）开展安全生产教育培训

对操作 3D 打印机的人员进行岗前培训，要求操作人员熟练掌握 3D 打印机使用方法。

3. 个体防护措施

对于3D打印机作业时，应注意采取以下个体防护措施。

（1）佩戴防划伤手套或其他防护装备，预防夹伤或割伤等机械伤害。

（2）处理3D打印机时佩戴防护手套，预防灼烫伤害。

（3）处理树脂3D打印机和打印件时，始终戴上丁腈手套。

（4）佩戴防尘口罩、防护眼镜、防静电服、防静电手环、隔热手套。

（三）钳工作业安全技术与防护

1. 安全技术措施

针对钳工作业，需针对性采取以下技术措施。

（1）除尘装置。在可能产生粉尘的作业过程中（锉削、台钻作业、锯切）应设置除尘装置，以保证空气中的粉尘浓度在国家标准范围内。

（2）本质安全设计。钳工使用台钻的照明电源采用安全电压。

2. 管理措施

管理措施包括设置操作指示符号和安全标志、制定安全生产规章制度和安全操作规程、开展安全生产教育培训等。

1）设置操作指示符号和安全标志

钳工作业中所使用的机械设备上使用的安全色和安全标志分别符合《安全色》（GB 2893）和《安全标志及其使用导则》（GB 2894）的规定。

2）制定安全生产规章制度和安全操作规程

（1）制定安全生产规章制度。依据国家有关法律法规、国家标准和行业标准，结合各单位的生产条件、作业危险程度及具体工作内容，以各单位名义颁发的有关安全生产的规范性文件。在长期的生产经营活动过程中积累的大量风险辨识、评价、控制技术以及生产安全事故教训的积累等，只有形成生产经营单位的规章制度才能保障从业人员安全与健康。

（2）制定安全操作规程。根据现行国家标准、行业标准和规范、钳工作业中使用的机械设备（台钻）的使用说明书、钳工作业中使用的机械设备（台钻）的设计和制造资料、生产安全事故教训、作业环境条件、安全生产责任制等制定安全操作规程。安全操作规程应包含的内容：操作前的准备、劳动防护用品穿戴要求、操作的先后顺序和方式、设备状态、人员所处位置和姿势、作业中禁止的行为、特殊要求、异常情况的处理等。

3）开展安全生产教育培训

对作业人员进行岗前培训，要求操作人员熟练掌握钳工作业的使用方法。

3. 个体防护措施

钳工作业时，应注意采取以下个体防护措施。

（1）进行研磨、锉削、锯切作业时应佩戴防尘口罩。

（2）操作台钻作业时应佩戴护目镜。

（3）进行除使用旋转设备外的其他作业时应佩戴防护手套。

（4）进行加工装配大型工件时应穿防砸鞋。

（四）自动化生产线安全技术与防护

1. 安全技术措施

针对机械自动化生产线，应安装危险区安全保护装置，并确保正确使用、检查、维修和可能的调整，以保护暴露于危险区的每个人员。安全保护装置包括设置围栏、设置联锁装置等。

（1）安全围栏与安全门。机械自动化生产线在整个作业区域外，设置了安全围栏与安全门，通过硬件隔离方式实现人机隔离，避免非作业人员进入智能制造生产线，减少人与机器的直接接触，以防止伤害事故的发生，保护一切有可能进入作业区的人员。

（2）联锁装置。智能制造生产线设有安全门，安全门设置有安全门锁防护装置。安全门上均设置有安全门锁。只有按安全门的绿色按钮请求进入加工区域后，自动化生产线收到命令停止运行，随后安全门的绿灯会亮起，电磁门锁灯会亮起。这时可以拉门闩并打开安全门。打开安全门后将门闩锁定于打开位置并随身携带启用钥匙，以防进入后安全门门被误锁后设备启动，对进入围栏内作业人员造成伤害。

同时机床防护门罩上设有联锁装置，防止在机床门未关闭的状态下，设备启动运行对操作者造成的机械伤害，防止工件和刀具飞出造成物体打击伤害以及切屑飞溅伤人。

（3）辅助装置自动化设计。通过技术改造升级，加装了自动除屑装置，激光测量装置和自动补充切削液装置，减少作业人员进入作业区域的频次，从而保证相关操作人员的人身安全。

（4）加工过程实施监控。通过对制造全过程实施监控，在信息采集基础上建立切削工况数据库，监控刀具和主轴工作状态，判断加工过程安全性，实现健康预警和故障诊断。同时根据机床监控系统采集的信息，对刀具编号、所在设备、寿命进行统计，及时对临近寿命的刀具进行预警，避免刀具因超寿命使用从主轴甩脱或断裂，对操作人员造成物体打击伤害。

（5）加装震动传感器。在数控加工中心主轴上加装震动传感器，采集捕捉主轴异常震动信息，分析主轴运行状态。当主轴震动幅度过大，将出现主轴异常报警，中止机床运行，避免出现主轴损坏造成的电气系统不安全及机械伤人事故。

2. 管理措施

管理措施包括设置操作指示符号和安全标志、制定安全生产规章制度和安全操作规程、开展安全生产教育培训等。

1）设置操作指示符号和安全标志

机械自动化生产线上使用的安全色和安全标志分别符合《安全色》（GB 2893）和《安全标志及其使用导则》（GB 2894）的规定。

2）制定安全生产规章制度和安全操作规程

（1）制定安全生产规章制度。依据国家有关法律法规、国家标准和行业标准，结合各单位的生产条件、作业危险程度及具体工作内容，以各单位名义颁发的有关安全生产的规范性文件。在长期的生产经营活动过程中积累的大量风险辨识、评价、控制技术以及生产安全事故教训的积累等，只有形成生产经营单位的规章制度才能保障从业人员安全与健康。

（2）制定安全操作规程。根据现行国家标准、行业标准和规范、机械自动化生产线的使用说明书、机械自动化生产线的设计和制造资料、生产安全事故教训、作业环境条件、安全生产责任制等制定安全操作规程。安全操作规程应包含的内容：操作前的准备、劳动防护用品穿戴要求、操作的先后顺序和方式、设备状态、人员所处位置和姿势、作业中禁止的行为、特殊要求、异常情况的处理等。

3）开展安全生产教育培训

对作业人员进行岗前培训，要求操作人员熟练掌握机械自动化生产线的使用方法。

3. 个体防护措施

机械自动化生产线作业时，作业人员应佩戴安全帽、防砸鞋。

4. 其他

进口机械设备的安全生产管理要求如下。

（1）设备的选型要考虑到下列因素：技术性、可靠性、维修性、能耗和原材料消耗，环保性能，安全装置，专用性与适应性、经济性、成套性等。

（2）进口设备的随机技术文件资料，应尽快翻译，复印。根据安全标准化有关条款要求，进口设备设施警示标志应翻译为中文，并在明显位置进行张贴。原文及翻译本做好档案保存。

（3）安装、设备开箱验收后，就根据合同规定的技术要求进行安装。安装要有设备管理人员或技术人员参加，做好安装前的技术、材料准备，对大型或复杂的进口设备要预先做好场地、设备布局准备。

（4）对已投产的进口设备必须按照说明书、操作规程等有关技术文件的规定制定安全技术操作规程。对于进口设备的操作和维修应选择责任心强、技术水平高的工人，并进行专业培训，考核合格后方可操作。对已选定的人员应保持相对稳定，变更维修人员应征得有关部门同意。

（5）要遵守说明书规定，不得随意拆卸部件，以免影响设备的精度和性能，严禁粗加工，不允许超重量、超尺寸、超负荷使用。对违反操作规程、检修规程者，超规范使用者，设备管理部门或作业部门有权制止，操作工人有权拒绝加工并立即报告有关部门处理。

（6）严格执行润滑"五定"制度（定人、定质、定点、定量、定时），进口设备必须有润滑图册，按说明书要求制定润滑任务和润滑工作要求，须经有关部门签定后方可使用。

四、其他机械的常见事故类型、典型案例及防范要求

（一）事故分析

钳工弯管作业中可能发生的主要事故类型为机械伤害、触电、火灾；自动化生产线可能因为误操作导致机械伤害。

（二）典型事故案例

1. 案例一

事故经过：钳工作业人员王某正在使用弯管机加工一批液压管路。因为管路比较长，王某戴着线手套进行辅助上料操作。因弯管机按照程序进行弯管，王某便在操作过程中与同事边聊天边干活。一次上料过程中，只听王某"哇！"地大叫一声，戴着手套的右手被小车缠绞，后遭到转臂挤压，造成右手手腕骨折。

事故原因：王某戴手套操作转动设备形成违章操作。在辅助上料作业过程中与同事聊天，没有集中注意力，站在危险区域，戴手套的右手过于靠近小车和转臂，造成伤害事故。

事故教训：这是一起主要由人的不安全行为引起的事故，严禁戴手套操作转动设备；严禁站在危险位置操作设备；严禁在作业中分散注意力。

2. 案例二

事故经过：设备维修工刘某在对弯管机进行维护保养时，为方便润滑小车轨道，拆除了设置在弯管机两侧的防护挡板，拆卸用的工具随手放到了小车行进路线上。维保工作进行一半时，刘某接到电话需要去别的厂房临时处理一个紧急情况，刘某便离开了弯管间。在维修工刘某走后，弯管工李某进行弯管作业。小车行进到一半时发生卡滞，李某没有关停程序就上前查看，弯管机突然启动，钢管甩出打中李某。

事故原因：维修工刘某维修时拆除了安全防护装置，未悬挂"正在维修"标识。离开现场前也未将防护挡板装回，弯管机缺少了安全防护装置。作业人员李某在作业前未进行检查，出现问题后也没有停止程序或按下急停装置，反映出人员安全意识低。弯管机的不安全状态是失去了应有的安全防护装置和安全管理不到位等因素共同作用造成的。

事故教训：所有的安全装置都是为了保护操作者生命安全和健康而设置的，不是妨碍操作的障碍。不得私自拆除安全装置，发现安全装置损害要及时报修。安全意识低是造成伤害事故的思想根源。

3. 案例三

事故经过：2013 年，美国马萨诸塞州沃本市的 Powderpart Inc 公司发生金属粉尘爆炸，一名当时独自在工厂工作的工人被三度烧伤，现场至少有一台使用可燃金属粉末的 3D 打印机。

事故原因：铝粉作为 3D 打印的关键性材料之一，3D 打印机作业时产生的铝粉浓度过高，氧化引发的金属粉尘爆炸事故。

事故教训：加强通风，控制作业空间的粉尘浓度，及时清理铝粉，并减少静电的积累和火花的产生，切断粉尘爆炸的连锁反应；实时监控，随时检测设备的运行状态等。

4. 案例四

事故经过：某车间钣金钳工顾某某（男，36 岁）使用摇臂钻在工件上加工 Φ20.3 mm 的孔，准备去孔边毛刺，并倒角。顾某某因锪钻与钻床主轴内孔不配合，便将自行磨削的 22.1 mm 钻头代替锪钻使用，左手戴手套握住工件，右手扳动钻床手柄进行加工。16 时许，老工人付某某路过时，看到顾某某左手握持的工件飞出并打在墙上，当即关掉钻床并批评顾某某"不应戴手套作业，应将工件压紧……"顾某某未听其劝告。16 时 30 分，工人沈某某又见顾某某戴手套作业，当即指出"你是班长，又是安全员，怎么戴手套操作钻床？"顾某某对再次批评仍未理会。五分钟后，因钻头吃力过大，工件扭弯，钩住手套并缠绕在钻头上，顾某某无法将手从手套中抽出，导致其左前臂被旋转的钻头扭力绞断。

事故原因：顾某某戴手套操作钻床、被钻工件不装卡都违反工厂有关工种安全操作规程；使用不合规范的钻头打毛刺倒角欠妥；不听从他人多次批评指正，擅自违反安全操作规程，劳动纪律性差。

事故教训：要加强对职工的安全教育，提高遵章守纪的自觉性和认真负责的工作作风。

5. 案例五

事故经过：某公司五金车间071单元自动化生产线作业人员江某发现产品异常，在没有按下生产线设备停止按钮的情况下，进入机器人作业区，此时该区域内的2号机器人处于自动运行状态。江某放入铝杆，手按切割机操作按钮，触发了2号机器人动作。2号机器人转动到切割机上方，往下抓取工件，机器人在运行轨迹上，碰撞到江某的头部，并将其头部压在切割机上，造成江某受伤。伤者江某送医院经抢救无效死亡。

事故直接原因：事故调查组经调查认为，该公司未按照设计图纸要求完全封闭071单元自动化生产线作业区域，检验台和主控柜之间留空隙且未安装安全联锁装置；江某违反操作规程，在未停止机器人自动运行的情况下，进入作业区域，使用切割机，是此次事故发生的直接原因。该公司使用新设备自动化生产线后，未对从业人员开展专门的安全生产知识培训，从业人员不了解、不掌握其安全技术特性；对事故隐患排查治理不到位，未能及时发现并消除自动化生产线作业区域未完全封闭等事故隐患；未在作业现场设置安全警示标志；该公司法定代表人、主要负责人杨某未依法履行安全生产管理职责，督促检查安全生产工作不到位，未开展安全检查工作，未及时消除作业现场生产安全事故隐患。

事故教训：提高本质安全，企业使用机械手、机械人等自动化工艺的必须做好设备的围蔽，安装联锁装置，确保人员进入危险区域机械设备不动作；企业应当加强安全教育培训，采用新工艺、新技术、新设备时，应对操作人员进行专门的安全教育培训，使员工熟悉设备的安全操作规程，了解岗位存在的安全隐患。企业建立健全事故隐患排查治理制度，认真开展事故隐患排查工作，及时采取措施消除安全事故隐患。

（三）应急措施

1. 机械伤害事故应急措施

发现事故后，首先要尽快查看伤员伤势，在伤势不明的情况下，不可随便移动伤员，等专业救护人员到来后再根据伤员的具体症状进行施救。

（1）第一发现人应立即大声发出"设备急停"口令，操作工立即切断设备电源。

（2）班组长组织现场人员设法将受伤人员移至安全区域，若伤情严重，事故第一发现人应立即拨打120急救电话或送就近医院救治。

（3）如有外伤，现场处置小组成员采取扎绷带等止血措施；若肢体骨折，尽量使伤者平躺于地面，以免骨折部位受到挤压；若发生呼吸困难者，要解开腰带、衣扣，采用人工呼吸等方法进行抢救。

（4）组织事故发生区域的其他人员撤离至安全区，禁止无关人员进入事故现场，等待事故调查人员进行调查处理。

2. 触电事故应急措施

发现事故后，首先要切断电源，将伤员与带电体分离。尽快查看伤员伤势，在伤势不明的情况下，不可随便移动伤员，等专业救护人员到来后再根据伤员的具体症状进行施救。

（1）触电者未失去知觉的救护措施：应让触电者在比较干燥、通风暖和的地方静卧休息，并派人严密观察，同时请医生前来或送往医院诊治。

（2）触电者已失去知觉但尚有心跳和呼吸的抢救措施：应使触电者舒适地平卧着，解开衣服以利呼吸，四周不要围人，保持空气流通，冷天应注意保暖，同时立即请医生前来或送医院诊治。若发现触电者呼吸困难或心跳失常，应立即实施人工呼吸及胸外心脏按压。

（3）当核实所有人员获救后，将受伤人员的位置进行标记或拍照，禁止无关人员进入事故现场，等待事故调查人员进行调查处理。

3. 火灾事故应急措施

当发生火灾时，要根据火灾的严重程度及时采取相应措施。

（1）火灾发生时，现场人员应沉着冷静，立即通知应急处置小组并拨打119火警电话。

（2）初起火灾时，现场人员应及时扑救，并立即上报领导。火势较大时，现场人员不得冒险进行扑救，应采取必要措施后立即撤离现场。

（3）果断采取相应措施，控制火势、疏散人员，关闭区域内所有门窗，并切断电源，配合消防人员掌握现场情况及人员情况。

（4）当核实所有人员获救后，将受伤人员的位置进行标记或拍照，禁止无关人员进入事故现场，等待事故调查人员进行调查处理。

小结

本章主要介绍了常见的金属切削机械，磨削机械，冲、剪、压机械，木工机械，其他机械等加工安全技术，根据机械分类和加工作业工作特点，对相关机械设备的加工危险有害因素进行了识别，并采用技术措施、管理措施、个体防护相结合的方法对危险和有害因素进行消除或控制，最后结合机械加工作业典型事故案例，分析事故直接原因和间接原因，总结事故教训，归纳出相关机械伤害事故的应急措施，减少事故损失。

思考与讨论

1. 磨削加工的特点是什么？
2. 磨削加工的危险因素是什么？安全技术要求有哪些？
3. 砂轮机的安全要求有哪些？
4. 冲、剪、压加工的特点是什么？
5. 冲、剪、压加工的主要危险因素有哪些？
6. 冲、剪、压加工的安全防护装置有哪些？
7. 航天二院常见的木工机床类型有什么？
8. 木工机械作业中可能发生的主要事故类型是什么？
9. 针对木工机械作业中的危险和有害因素，一般采取什么措施进行控制？
10. 钳工作业中可能发生的主要事故类型是什么？
11. 针对钳工弯管作业中的危险有害因素，一般采取什么措施进行控制？
12. 钳工作业的特点是什么？
13. 机械自动化生产线的操作顺序是什么？

附　　　录

附录1　生产过程危险和有害因素分类与代码表

代码	名　　称	说　　明
1	人的因素	
11	心理、生理性危险和有害因素	
1101	负荷超限	
110101	体力负荷超限	包括劳动强度、劳动时间延长引起疲劳、劳损、伤害等的负荷超限
110102	听力负荷超限	
110103	视力负荷超限	
110199	其他负荷超限	
1102	健康状况异常	伤、病期等
1103	从事禁忌作业	
1104	心理异常	
110401	情绪异常	
110402	冒险心理	
110403	过度紧张	
110499	其他心理异常	包括泄愤心理
1105	辨识功能缺陷	
110501	感知延迟	
110502	辨识错误	
110599	其他辨识功能缺陷	

（续）

代码	名　称	说　明
1199	其他心理、生理性危险和有害因素	
12	行为性危险和有害因素	
1201	指挥错误	
120101	指挥失误	包括生产过程中的各级管理人员的指挥
120102	违章指挥	
120199	其他指挥错误	
1202	操作错误	
120201	误操作	
120202	违章作业	
120299	其他操作错误	
1203	监护失误	
1299	其他行为性危险和有害因素	包括脱岗等违反劳动纪律行为
2	物的因素	
21	物理性危险和有害因素	
2101	设备、设施、工具、附件缺陷	
210101	强度不够	
210102	刚度不够	
210103	稳定性差	抗倾覆、抗位移能力不够、抗剪能力不够。包括重心过高、底座不稳定、支承不正确、坝体不稳定等
210104	密封不良	密封件、密封介质、设备辅件、加工精度、装配工艺等缺陷以及磨损、变形、气蚀等造成的密封不良
210105	耐腐蚀性差	
210106	应力集中	

（续）

代码	名 称	说 明
210107	外形缺陷	设备、设施表面的尖角利棱和不应有的凹凸部分等
210108	外露运动件	人员易触及的运动件
210109	操纵器缺陷	结构、尺寸、形状、位置、操纵力不合理及操纵器失灵、损坏等
210110	制动器缺陷	
210111	控制器缺陷	
210112	设计缺陷	
210113	传感器缺陷	精度不够，灵敏度过高或过低
210199	设备、设施、工具、附件其他缺陷	
2102	防护缺陷	
210201	无防护	
210202	防护装置、设施缺陷	防护装置、设施本身安全性、可靠性差，包括防护装置、设施、防护用品损坏、失效、失灵等
210203	防护不当	防护装置、设施和防护用品不符合要求、使用不当。不包括防护距离不够
210204	支撑（支护）不当	包括矿井、隧道、建筑施工支护不符合要求
210205	防护距离不够	设备布置、机械、电气、防火、防爆等安全距离不够和卫生防护距离不够等
210299	其他防护缺陷	
2103	电危害	
210301	带电部位裸露	人员易触及的裸露带电部位
210302	漏电	
210303	静电和杂散电流	
210304	电火花	

（续）

代码	名　称	说　明
210305	电弧	
210306	短路	
210399	其他电危害	
2104	噪声	
210401	机械性噪声	
210402	电磁性噪声	
210403	流体动力性噪声	
210499	其他噪声	
2105	振动危害	
210501	机械性振动	
210502	电磁性振动	
210503	流体动力性振动	
210599	其他振动危害	
2106	电离辐射	包括 X 射线、γ 射线、α 粒子、β 粒子、中子、质子、高能电子束等
2107	非电离辐射	
210701	紫外辐射	
210702	激光辐射	
210703	微波辐射	
210704	超高频辐射	
210705	高频电磁场	
210706	工频电场	
210799	其他非电离辐射	
2108	运动物危害	

（续）

代码	名　称	说　明
210801	抛射物	
210802	飞溅物	
210803	坠落物	
210804	反弹物	
210805	土、岩滑动	包括排土场滑坡、尾矿库滑坡、露天采场滑坡
210806	料堆（垛）滑动	
210807	气流卷动	
210808	撞击	
210899	其他运动物危害	
2109	明火	
2110	高温物质	
211001	高温气体	
211002	高温液体	
211003	高温固体	
211099	其他高温物质	
2111	低温物质	
211101	低温气体	
211102	低温液体	
211103	低温固体	
211199	其他低温物质	
2112	信号缺陷	
211201	无信号设施	应设信号设施处无信号，例如无紧急撤离信号等
211202	信号选用不当	

（续）

代码	名　　称	说　　明
211203	信号位置不当	
211204	信号不清	信号量不足，例如响度、亮度、对比度、信号维持时间不够等
211205	信号显示不准	包括信号显示错误、显示滞后或超前等
211299	其他信号缺陷	
2113	标志标识缺陷	
211301	无标志标识	
211302	标志标识不清晰	
211303	标志标识不规范	
211304	标志标识选用不当	
211305	标志标识位置缺陷	
211306	标志标识设置顺序不规范	例如多个标志牌在一起设置时，应按警告、禁止、指令、提示类型的顺序
211399	其他标志标识缺陷	
2114	有害光照	包括直射光、反射光、眩光、频闪效应等
2115	信息系统缺陷	
211501	数据传输缺陷	例如是否加密
211502	自供电装置电池寿命过短	例如标准工作时间过短，经常出现监测设备断电
211503	防爆等级缺陷	例如 Exib 等级较低，不适合在涉及"两重点一重大"环境安装
211504	等级保护缺陷	防护不当导致信息错误、丢失、盗用
211505	通信中断或延迟	光纤或 GPRS/NB - IOT 等传输方式不同导致延迟严重
211506	数据采集缺陷	导致监测数据变化过于频繁或遗漏关键数据
211507	网络环境	保护过低，导致系统被破坏、数据丢失、被盗用等

（续）

代码	名　称	说　明
2199	其他物理性危险和有害因素	
22	化学性危险和有害因素	见 GB 13690 的规定
2201	理化危险	
220101	爆炸物	见 GB 30000.2
220102	易燃气体	见 GB 30000.3
220103	易燃气溶胶	见 GB 30000.4
220104	氧化性气体	见 GB 30000.5
220105	压力下气体	见 GB 30000.6
220106	易燃液体	见 GB 30000.7
220107	易燃固体	见 GB 30000.8
220108	自反应物质或混合物	见 GB 30000.9
220109	自燃液体	见 GB 30000.10
220110	自燃固体	见 GB 30000.11
220111	自热物质和混合物	见 GB 30000.12
220112	遇水放出易燃气体的物质或混合物	见 GB 30000.13
220113	氧化性液体	见 GB 30000.14
220114	氧化性固体	见 GB 30000.15
220115	有机过氧化物	见 GB 30000.16
220116	金属腐蚀物	见 GB 30000.17
2202	健康危险	
220201	急性毒性	见 GB 30000.18
220202	皮肤腐蚀/刺激	见 GB 30000.19
220203	严重眼损伤/眼刺激	见 GB 30000.20
220204	呼吸或皮肤过敏	见 GB 30000.21

（续）

代码	名　称	说　明
220205	生殖细胞致突变性	见 GB 30000.22
220206	致癌性	见 GB 30000.23
220207	生殖毒性	见 GB 30000.24
220208	特异性靶器官系统毒性——一次接触	见 GB 30000.25
220209	特异性靶器官系统毒性——反复接触	见 GB 30000.26
220210	吸入危险	见 GB 30000.27
2299	其他化学性危险和有害因素	
23	生物性危险和有害因素	
2301	致病微生物	
230101	细菌	
230102	病毒	
230103	真菌	
230199	其他致病微生物	
2302	传染病媒介物	
2303	致害动物	
2304	致害植物	
2399	其他生物性危险和有害因素	
3	环境因素	包括室内、室外、地上、地下（如隧道、矿井）、水上、水下等作业（施工）环境
31	室内作业场所环境不良	
3101	室内地面滑	室内地面、通道、楼梯被任何液体、熔融物质润湿，结冰或有其他易滑物等
3102	室内作业场所狭窄	
3103	室内作业场所杂乱	

（续）

代码	名　　称	说　　明
3104	室内地面不平	
3105	室内梯架缺陷	包括楼梯、阶梯、电动梯和活动梯架，以及这些设施的扶手、扶栏和护栏、护网等
3106	地面、墙和天花板上的开口缺陷	包括电梯井、修车坑、门窗开口、检修孔、孔洞、排水沟等
3107	房屋基础下沉	
3108	室内安全通道缺陷	包括无安全通道、安全通道狭窄、不畅等
3109	房屋安全出口缺陷	包括无安全出口、设置不合理等
3110	采光照明不良	照度不足或过强、烟尘弥漫影响照明等
3111	作业场所空气不良	自然通风差、无强制通风、风量不足或气流过大、缺氧、有害气体超限等，包括受限空间作业
3112	室内温度、湿度、气压不适	
3113	室内给、排水不良	
3114	室内涌水	
3199	其他室内作业场所环境不良	
32	室外作业场地环境不良	
3201	恶劣气候与环境	包括风、极端的温度、雷电、大雾、冰雹、暴雨雪、洪水、浪涌、泥石流、地震、海啸等
3202	作业场地和交通设施湿滑	包括铺设好的地面区域、阶梯、通道、道路、小路等被任何液体、熔融物质润湿，冰雪覆盖或有其他易滑物等
3203	作业场地狭窄	
3204	作业场地杂乱	
3205	作业场地不平	包括不平坦的地面和路面，有铺设的、未铺设的、草地、小鹅卵石或碎石地面和路面
3206	交通环境不良	包括道路、水路、轨道、航空

（续）

代码	名　称	说　明
320601	航道狭窄、有暗礁或险滩	
320602	其他道路、水路环境不良	
320699	道路急转陡坡、临水临崖	
3207	脚手架、阶梯和活动梯架缺陷	包括这些设施的扶手、扶栏和护栏、护网等
3208	地面及地面开口缺陷	包括升降梯井、修车坑、水沟、水渠、路面、排土场、尾矿库等
3209	建（构）筑物和其他结构缺陷	包括建筑中或拆毁中的墙壁、桥梁、建筑物；筒仓、固定式粮仓、固定的槽罐和容器；屋顶、塔楼；排土场、尾矿库等
3210	门和周界设施缺陷	包括大门、栅栏、畜栏、铁丝网、电子围栏等
3211	作业场地地基下沉	
3212	作业场地安全通道缺陷	包括无安全通道，安全通道狭窄、不畅等
3213	作业场地安全出口缺陷	包括无安全出口、设置不合理等
3214	作业场地光照不良	光照不足或过强、烟尘弥漫影响光照等
3215	作业场地空气不良	自然通风差或气流过大、作业场地缺氧、有害气体超限等，包括受限空间作业
3216	作业场地温度、湿度、气压不适	
3217	作业场地涌水	
3218	排水系统故障	例如排土场、尾矿库、隧道等
3299	其他室外作业场地环境不良	
33	地下（含水下）作业环境不良	不包括以上室内室外作业环境已列出的有害因素
3301	隧道/矿井顶板或巷帮缺陷	例如矿井冒顶
3302	隧道/矿井作业面缺陷	例如矿井片帮
3303	隧道/矿井底板缺陷	

（续）

代码	名　　称	说　　明
3304	地下作业面空气不良	包括无风、风速超过规定的最大值或小于规定的最小值、氧气浓度低于规定值、有害气体浓度超限等，包括受限空间作业
3305	地下火	
3306	冲击地压（岩爆）	井巷或工作面周围岩体，由于弹性变形能的瞬时释放而产生突然剧烈破坏的动力现象
3307	地下水	
3308	水下作业供氧不当	
3399	其他地下作业环境不良	
39	其他作业环境不良	
3901	强迫体位	生产设备、设施的设计或作业位置不符合人类工效学要求而易引起作业人员疲劳、劳损或事故的一种作业姿势
3902	综合性作业环境不良	显示有两种以上作业环境致害因素且不能分清主次的情况
3999	以上未包括的其他作业环境不良	
4	管理因素	机构和人员、制度及制度落实情况
41	职业安全卫生管理机构设置和人员配备不健全	
42	职业安全卫生责任制不完善或未落实	包括平台经济等新业态
43	职业安全卫生管理制度不完善或未落实	
4301	建设项目"三同时"制度	
4302	安全风险分级管控	
4303	事故隐患排查治理	
4304	培训教育制度	
4305	操作规程	包括作业指导书

（续）

代码	名　称	说　明
4306	职业卫生管理制度	
4399	其他职业安全卫生管理规章制度不健全	包括事故调查处理等制度不健全
44	职业安全卫生投入不足	
46	应急管理缺陷	
4601	应急资源调查不充分	
4602	应急能力、风险评估不全面	
4603	事故应急预案缺陷	包括预案不健全、可操作性不强、无针对性
4604	应急预案培训不到位	
4605	应急预案演练不规范	
4606	应急演练评估不到位	
4699	其他应急管理缺陷	
49	其他管理因素缺陷	

附录2　机床布置的最小安全距离

m

项　目	小型机床	中型机床	大型机床	特大型机床
机床操作面间距	1.1	1.3	1.5	1.8
机床后面、侧面离墙柱间距	0.8	1.0	1.0	1.0
机床操作面离墙柱间距	1.3	1.5	1.8	2.0

注：1. 根据《机械工业职业安全卫生设计规范》（JBJ 18）整理。机床按重量和尺寸，可分为小型机床（最大外形尺寸小于 6 m）、中型机床（最大外形尺寸 6~12 m）、大型机床（最大外形尺寸＞12 m 或质量＞10 t）、特大型机床（质量在 30 t 以上）。

2. 安全距离从机床活动机件达到的极限位置算起。

3. 机床与墙柱间的距离要考虑对基础的影响。

附录3 车床典型危险源

序号	作业活动	工作步骤	危险源	可能的影响或伤害	固有风险评估				
					风险等级（未控制）				
					L 可能性	E 频繁程度	C 损失后果	D 危险分值	风险等级
1	车工作业	作业前准备	机床的运动部位无防护或防护罩缺损	机械伤害	3	3	3	27	三级一般风险
2			机床无 PE 线或接线不可靠	触电	3	3	3	27	三级一般风险
3			局部照明或移动照明未采用安全电压	触电	3	3	3	27	三级一般风险
4		装卡	卡盘变形或不平衡	机械伤害	3	3	3	27	三级一般风险
5			工件未夹牢固	物体打击	3	3	3	27	三级一般风险
6		零件加工	员工穿宽松的衣服，领口、袖口、衣服下摆等易被卷入设备	机械伤害	3	3	3	27	三级一般风险
7			加工部件过长时无有效支撑或防护挡板	机械伤害	3	3	3	27	三级一般风险
8			切屑产生未佩戴防护眼镜	机械伤害	3	3	3	27	三级一般风险
9			旋转部件旁作业佩戴手套	机械伤害	3	3	3	27	三级一般风险
10			清扫时未使用专用工具	机械伤害	3	3	3	27	三级一般风险
11		更换刀具	更换刀具时未等设备完全停止运行	机械伤害	3	3	3	27	三级一般风险
12			工具更换后固定不牢固	机械伤害	3	3	3	27	三级一般风险
13		现场环境	现场零部件摆放杂乱	其他伤害－摔伤	3	3	1	9	四级低风险
14			现场地面存在油污	其他伤害－摔伤	3	3	1	9	四级低风险
15		易产生粉尘类作业	玻璃钢粉尘	其他伤害－职业病	3	2	3	18	四级低风险

与风险评价表

工程控制	管理控制	个人防护措施	控制措施确认人	控制措施确认频次	残余风险评估				
					风　险　等　级				
					L 可能性	E 频繁程度	C 损失后果	D 危险分值	风险等级
1. 加装防护罩； 2. 购买符合机械防护标准的设备	×	×	作业人员	每次作业	1	3	3	9	四级低风险
×	定期检查 PE 线连接情况	×	作业人员	每次作业	1	3	3	9	四级低风险
使用安全电压的照明系统	×	×	作业人员	每次作业	1	3	3	9	四级低风险
×	设备定期点检，发现异常及时修复	×	作业人员	每次作业	1	3	3	9	四级低风险
×	编制作业规程并定期培训	×	作业人员	每次作业	1	3	3	9	四级低风险
×	1. 制定操作规程； 2. 定期进行培训 制定操作规程，禁止穿宽松的衣服进入车间	×	班组长	每次作业	1	3	3	9	四级低风险
安装支撑工装或挡板	×	×	作业人员	每次作业	1	3	3	9	四级低风险
×	遵守车工作业指导书，拥有操作证上岗	×	作业人员	每次作业	1	3	3	9	四级低风险
×	1. 制定操作规程，旋转部件旁作业禁止佩戴手套； 2. 张贴警示标识； 3. 定期巡查	×	班组长	每周	1	3	3	9	四级低风险
配置专用清理工具	×	×	作业人员	每次作业	1	3	3	9	四级低风险
×	遵守数控车工作业指导书，拥有操作证上岗	×	作业人员	每次作业	1	3	3	9	四级低风险
断电，上锁挂牌	遵守车工作业指导书，拥有操作证上岗	×	作业人员	每次作业	1	3	3	9	四级低风险
×	零件定置存放，成品与待加工零件分开存放	×	作业人员	每次作业	1	3	1	3	四级低风险
×	及时清理地面	×	作业人员	每次作业	1	3	1	3	四级低风险
配备吸尘器	工作前应按规定穿戴好个人劳动保护用品	口罩	班组长	每周	1	2	3	6	四级低风险

附录4　木工机械通用安全检查表

检查地点：＿＿＿＿＿＿＿　　　检查人：＿＿＿＿＿＿＿　　　检查日期：＿＿＿＿＿＿＿

检查人按照检查项目逐一进行检查，检查结果一栏无问题打"√"，有问题打"×"

检 查 项 目	检 查 要 求	检 查 结 果
场地环境	地面无油污、积水等影响工作情况	
	消防设备设施配备齐全且在有效期内	
	工位照明条件良好，不影响操作	
机械设备设施	导轨或运动部件周围无杂物	
	导轨或运动部件润滑良好	
	运动部件固定牢靠、无松动	
	油路、气路等完好，无破损、松动等	
	操纵器（手轮、按钮、操纵杆等）处于初始位置	
	紧急停止按钮能正常使用	
电气设备设施	木工机械外壳接地良好	
	设备电源线绝缘完好、无破损	
	电气保护装置完好	
	通电后设备状态指示灯能正常亮起	
	吸尘系统和收集系统正常运行	
安全防护装置	安全防护装置固定牢靠且能正常使用	
安全附件	推棒或推块等辅助进给工件、工具配备齐全	
劳动防护用品	劳动防护用品配备齐全且能正常使用	

附录5　常用机械安全基础通用标准

国家标准编号	国际标准编号	欧洲标准编号	标 准 名 称
A类标准（基础标准）			
GB/T 15706	ISO 12100	EN ISO 12100	机械安全　设计通则　风险评估与风险减小

（续）

国家标准编号	国际标准编号	欧洲标准编号	标 准 名 称
B 类标准（基础标准）			
GB/T 5226.1	IEC 60204－1	EN 60204－1	机械电气安全　机械电气设备　第1部分：通用技术条件
GB/T 8196	ISO 14120	EN 953	机械安全　防护装置　固定式和活动式防护装置设计与制造一般要求
GB/T 12265	ISO 13854	EN 349	机械安全　防止人体部位挤压的最小间距
GB/T 16754	ISO 13850	EN ISO 13850	机械安全　急停功能　设计原则
GB/T 16855.1	ISO 13849－1	EN ISO 13849－1	机械安全　控制系统安全相关部件　第1部分：设计通则
GB/T 16855.2	ISO 13849－2	EN ISO 13849－2	机械安全　控制系统安全相关部件　第2部分：确认
GB/T 16856	ISO/TR 14121－2	—	机械安全　风险评价　实施指南和方法举例
GB/T 17454.1	ISO 13856－1	EN ISO 13856－1	机械安全　压敏保护装置　第1部分：压敏垫和压敏地板的设计和试验通则
GB/T 17454.2	ISO 13856－2	EN ISO 13856－2	机械安全　压敏保护装置　第2部分：压敏边和压敏棒的设计和试验通则
GB/T 17454.3	ISO 13856－3	EN ISO 13856－3	机械安全　压敏保护装置　第3部分：压敏缓冲器、压敏板、压敏线及类似装置的设计和试验通则
GB/T 17888.1	ISO 14122－1	EN ISO 14122－1	机械安全　接近机械的固定设施　第1部分：固定设施的选择及接近的一般要求
GB/T 17888.2	ISO 14122－2	EN ISO 14122－2	机械安全　接近机械的固定设施　第2部分：工作平台与通道
GB/T 17888.3	ISO 14122－3	EN ISO 14122－3	机械安全　接近机械的固定设施　第3部分：楼梯、阶梯和护栏
GB/T 17888.4	ISO 14122－4	EN ISO 14122－4	机械安全　接近机械的固定设施　第4部分：固定式直梯
GB/T 18831	ISO 14119	EN ISO 14119	机械安全　与防护装置相关的联锁装置设计和选择原则

（续）

国家标准编号	国际标准编号	欧洲标准编号	标 准 名 称
GB/T 19436.1	IEC 61496 – 1	EN 61496 – 1	机械电气安全　电敏保护设备　第1部分：一般要求和试验
GB/T 19436.2	IEC 61496 – 2	EN 61496 – 2	机械电气安全　电敏保护设备　第2部分：使用有源光电保护装置（AOPDs）设备的特殊要求
GB/T 19436.3	IEC 61496 – 3	EN 61496 – 3	机械电气安全　电敏保护设备　第3部分：使用有源光电漫反射防护器件（AOPDDR）设备的特殊要求
GB/T 19670	ISO 14118	EN 1037	机械安全　防止意外启动
GB/T 19671	ISO 13851	EN 574	机械安全　双手操纵装置　设计和选择原则
GB/T 19876	ISO 13855	EN ISO 13855	机械安全　与人体部位接近速度相关的安全防护装置的定位
GB/T 19891	ISO 141559	EN ISO 141559	机械安全　机械设计的卫生要求
GB/T 23819	ISO 19353	EN 13478	机械安全　火灾预防与防护
GB/T 23820	ISO 21469	EN ISO 21469	机械安全　偶然与产品接触的润滑剂　卫生要求
GB/T 23821	ISO 13857	EN ISO 13857	机械安全　防止上下肢触及危险区的安全距离
GB 28526	IEC 62061	EN 62061	机械电气安全　安全相关电气、电子和可编程电子控制系统的功能安全
GB/T 30175	ISO/TR 23849	—	机械安全　应用 GB/T 16855.1 和 GB 28526 设计安全相关控制系统的指南

参 考 文 献

［1］高等学校安全工程学科教学指导委员会．机械安全工程［M］．北京：中国劳动社会保障出版社，2008.

［2］人力资源和社会保障部教材办公室．机械安全技术［M］．北京：中国劳动社会保障出版社，2018.

［3］刘龙江．机电一体化技术［M］．北京：北京理工大学出版社，2012.

［4］禹春梅．机电一体化技术应用［M］．北京：科学出版社，2010.

［5］李黎，刘红光，罗斌．木工机械［M］．北京：中国林业出版社，2021.

［6］姜威．企业主要负责人及管理人员安全生产培训教材［M］．北京：化学工业出版社，2015.

［7］纪忠明，李红才．通用机械加工及动力设备安全操作指南［M］．北京：石油工业出版社，2012.